U0169063

Web 3.0漫游指南

徐旦　元宇宙公主　编著

机械工业出版社
CHINA MACHINE PRESS

本书采用纵横结合的叙事方式，纵向以完整的时间线讲解 Web 3.0 的前世今生，横向用逻辑清晰的知识结构搭建当前 Web 3.0 行业的知识体系。书中既有基础概念讲解、应用案例分析，又有 Web 3.0 及其相关领域的大事件，整个写作过程也是一次 Web 3.0 治理方式的实践。本书适合广大互联网行业和传统行业的从业人员，以及关注前沿热点技术的大众读者阅读。

图书在版编目（CIP）数据

Web 3.0 漫游指南 / 徐旦，元宇宙公主编著 . — 北京：机械工业出版社，2022.9

ISBN 978-7-111-71503-0

Ⅰ. ①W… Ⅱ. ①徐… ②元… Ⅲ. ①互联网络 – 指南 Ⅳ. ① TP393.4-62

中国版本图书馆CIP数据核字（2022）第159531号

机械工业出版社（北京市百万庄大街22号 邮政编码100037）
策划编辑：赵 屹　　责任编辑：赵 屹 苏 洋
责任校对：薄萌钰 王 延　责任印制：张 博
北京联兴盛业印刷股份有限公司印刷

2022年10月第1版第1次印刷
148mm × 210mm · 7.875印张 · 3插页 · 160千字
标准书号：ISBN 978-7-111-71503-0
定价：79.00元

电话服务
客服电话：010-88361066
010-88379833
010-68326294

网络服务
机 工 官 网：www.cmpbook.com
机 工 官 博：weibo.com/cmp1952
金 书 网：www.golden-book.com
机工教育服务网：www.cmpedu.com

感谢公主DAO共创作者的支持与贡献:

闫　洋　归子驭　Anita Wong　申　楠
张国强　王　叶　黄永彬　李怡汶
刘　菲　肥　羊　0xMING88
林钟贤　R. Princess Suki

自 序

2022年初，随着NFT的走红和国家大力提倡发展数字经济，与之相关的Web 3.0领域也浮出水面为人们所关注。数字经济的地位近年来显著提升，不再是与实体经济所对立的虚拟经济的一部分。Web 3.0及其相关技术对于数字经济的进一步发展有着至关重要的作用，它能使人们在不依赖于某个公司的情况下建立统一的数字身份系统，同时利用通证让数字经济的利益能够公正而便利地得以分配。

处于数字经济迅猛发展早期的我们是幸运的，一个朝阳行业正在迎接我们的探索。现在关注到Web 3.0的我们也是幸运的，一片广阔的蓝海在等待我们开发。

AMA（Ask Me Anything）是Web 3.0圈子里的一种线上研讨会或者发布会，后来也延伸到线下举办的小型论坛和茶话会。AMA的通常作用是项目开发者向社群的成员或潜在成员，以及其他感兴趣的人群宣讲项目理念，探讨项目解决的问题。我从参加的众多AMA中发现了一个现象——参与者大多抱着满腔热情加入会议，但是对于所探讨的问题感到云里雾里。主办方和主持人也不得不从零散的类似“1+1=2”的科普内容讲起，但这不成体系的科普内容既让有经验的参与者感到浪费时间，也不能让真正的小白窥探到入行门道。这让很多本可以进入 Web 3.0 世界漫游的门外汉萌生退意，或是落入一些居心叵测的人曲解概念设计的圈套。因此，我期望能够用一本书把漫游 Web 3.0 世界所需的基础知识客观完善地呈现给对这个领域感兴趣的读者。

Web 3.0 及其基于的区块链技术既可以为数字经济发展奠定坚实的基础，也可能成为部分人投机甚至行骗的工具。作为本书作者的我也期望通过本书能为进入 Web 3.0 的读者从一开始就树立正确的价值观，在将来为 Web 3.0 数字经济赋能实体经济做出自己的贡献。

本书采用纵横结合的叙事方式，纵向以完整的时间线讲解 Web 3.0 的前世今生，横向用逻辑清晰的知识结构搭建当前 Web 3.0 行业的知识体系。书中既有基础概念讲解、应用案例分析，又有 Web 3.0 及其相关领域的大事件叙事。本书的写作过程由我主持，由元宇宙公主组建的公主 DAO 社群共创完成。先由我拟定全书结构和各章节的话题，再召集感兴趣的 DAO 成员加入写书公会，成员共同对话题进行微调。随后成员各自认领一个或多个章节，补充大纲内容，和我共同商议确认后填充素材。成员完成各章节内容后，再由我修改增减形成终稿。本书的稿酬也将按比例分配给参与的成员。因此本书的写作过程也是一次 Web 3.0 的 DAO 治理方式的实践。

本书第一篇名为《认识 Web 3.0》，共有 3 章。讲述 Web 的发展史，让读者对于 Web 3.0 是怎样演变而来的，Web 3.0 是什么，它与一些相近领域有怎样的关系建立起一个大体的认知。其中第二章包含 Web 3.0 的一些基本技术知识，包括区块链的几条主链及其共识机制、各种共识机制的优劣势、跨链桥、智能合约等。

第二篇名为《走进 Web 3.0》，共有 5 章。讲述 Web 3.0 当前的几个主要应用领域和重点知识。第四章到第七章深入介绍了去中心化 App——DApps，去中心化社区——DAO，去中心化金融——DeFi，非同质化通证——NFT 等 Web 3.0 应用所解决的问题，并列举讲解了各类应用的明星项目。第八章提炼出所有 Web 3.0 应用的共同点，也是驱动 Web 3.0 应用兴旺发展，使得 Web 3.0 应用区别于 Web 2.0 应用的核心因素——通证经济学。这是我强烈建议读者要认真看的一章。

第三篇名为《Web 3.0 的挑战与未来》，共有 2 章。这一部分内容客观地总结了当前人们对 Web 3.0 提出的质疑和 Web 3.0 自身仍需改进的问题，并对 Web 3.0 的未来发展提出了展望。

附录部分用编年体的方式讲述并解析了 Web 3.0 从业者眼中影响行业发展的一些重要事件，并对 Web 3.0 的一些术语缩写做了解释，让行业外读者在与圈内人交流时能减少沟通的信息差。

Web 3.0 在非常迅猛地发展着，本书只能给到读者一些基础的理念和案例。甚至也许在读者拿到这本书的时候，Web 3.0 的世界已经发生了翻天覆地的变化。笔者唯愿读者凭借本书建立的框架能更快躬身入局，身临其境才更能体会 Web 3.0 世界的精彩并跟随它飞速发展。

本书的目标读者可分为两类：

一类是互联网行业，特别是在传统的“互联网大厂”中负责产品、技术、运营的从业者。希望这些同行能够通过阅读本书了解 Web 3.0 产品的发展脉络和现况，为自己的职业生涯增加一个赛道选择。Web 3.0 同样也需要你们的参与和共建。

另一类是有一定的互联网、移动互联网产品使用经历，希望了解新的互联网产品及其能够为自己带来什么便利的互联网 B 端和 C 端用户。在 Web 3.0 的世界里，你们将不仅仅是用户，还将成为产品的共建者。本书尽量用平实的语言，从成熟案例出发，介绍 Web 3.0 的相关产品和原理，帮助读者从零开始构建 Web 3.0 的知识体系。

Web 3.0 的应用发展迅速，也有很多尚处于争议中的话题，而我所知有限，难免有挂一漏万之憾。我非常希望与读者一起完成 Web 3.0 的知识迭代工作。欢迎读者将在阅读过程中遇到的问题反馈给我。无论是指出错误还是提出改进建议，或是想与我探讨关于项目和行业发展的问题，都可以通过以下方式联系我：dan.xu.chn@hotmail.com。

有价值的反馈我会在第一时间进行回复。

本书的写作过程得到元宇宙公主及公主 DAO 社群的鼎力支持，社群成员不但为本书提供了丰富的素材，社群中的讨论也迸发了很多有意思的观点。在此，十分感谢为本书提供帮助的公主 DAO 社群。

在本书的写作过程中，责任编辑赵屹为本书提出了大量有价值的建设性意见。在此，十分感谢赵屹编辑和为本书做出贡献的机械工业出版社的编辑朋友们。

谢谢你们！

目 录

02 第二篇 走进 Web 3.0

Web 漫游指南 3.0

第一篇

认识 Web 3.0

本篇讲述了 Web 的发展史。第一章让读者对 Web 3.0 是什么，Web 3.0 是怎样演变而来的，它与一些相近领域有怎样的关系建立起一个大体的认知。第二章包含 Web 3.0 的一些基本技术知识，包括区块链的几条主链及其共识机制、各种共识机制的优劣势、跨链桥、智能合约等。

01

第一章 Web 进化史

Web 1.0：岁月静好的起点

1989 年，英国人蒂姆·伯纳斯·李（Tim Bernes-Lee ）撰写了一篇题为《信息管理：一份建议》（*Information Management: A Proposal*）的论文。在文中他将“网络”一词描述为一个由超文本链接相互连接而成的信息系统网络。互联网的历史从此开启。

1994 年，美国网景公司（Netscape）推出了浏览器 Netscape Navigator 1.0 版本，它搭载 Cookie、支持 JavaScript 脚本以及 Frames 技术，即便用今天的技术标准回看，网景浏览器依然是一个非常成功且具有划时代意义的产品。由此，越来越多普罗大众得以在计算机终端通过浏览器读取网页信息，世界正式进入了 Web 1.0 时代。Web 1.0 时代的特点是重信息轻身份，多浏览少输出，因此也被人称为“只读网络”。

当时的技术是静态 HTML，仅支持信息单向传递。换言之，网页写什么用户就看什么，没有互动。大多数人上网的目的是为了阅读新闻或检索学术资料。

但彼时网址繁杂，不方便用户记忆，聚合资讯的门户网站迅速火热起来。在 20 世纪 90 年代末期，门户网站几乎等于互联网的全部内容，它们承载了新闻、搜索、邮箱等各种功能。彼时最主流的产品趋势是纸质媒体数字化，把大量资讯搬运到网页上，财经、时政、娱乐八卦成为那个时代绝大多数网民热衷追捧的内容。

其实，除了门户网站以外，这个时代的标志性产品还有 BBS（Bulletin Board System，网络论坛）和 MUD（Multi-User Dungeon，多用户迷宫，此处迷宫意为游戏中的关卡）。

1984 年，一款名为 Fido（惠多）基于 MS-DOS 操作系统开发的 BBS 主机程序面世，通过网络实现用户间数据互通，将各地 BBS 站点连接，形成 FidoNet（惠多网）。

在 CTC（Copy to China）的创业模式下，BBS 也被迅速复制到我国。

1991 年，北京的罗伊使用 Telnet 协议搭建了我国第一个站点，长城站；同年，汕头的黄耀浩搭建了名为手拉手的站点。

1992 年，长城站与手拉手联合，创立了惠多网中国分站，即 CFido（China FidoNet）。

中国 BBS 文化在 CFido 生出萌芽，“社区”和“社交”这两个日后我国互联网行业最火热的概念在 BBS 的土壤中开始孕育。

1995 年，马化腾在深圳开通了惠多网的 Ponysoft 站。

1996 年，求伯君在珠海架设了西点站。

CFido 这样的早期站点，学术讨论氛围浓厚。互通有无的交流方式，家人般的相处模式，一直是站点早期用户凝聚的共识和价值观。那句“业余精神万岁”的口号，更是喊出了 BBS 生态下“共创”“共享”模式的精髓。

MUD 是一种早期的共享内存机制游戏——在虚拟空间的代码上编写一个框架，就可以实现多用户联网互动。MUD 是一个纯文字的虚拟世界，没有任何图片或画面特效，玩家们通过文字实现实时交互，它实际上是第一款真正意义上多人实时交互的网络游戏。换言之，MUD 即是 Web 1.0 时代的元宇宙表现形式。

MUD 游戏赋予整个虚拟世界和玩家角色以持续发展的叙事逻辑。无论是玩家中途退出后重新登录还是服务器重启，游戏中所有的场景、玩家体力、技能、财富、宝物、道具等虚拟物品仍然保持不变，游戏还建立了一套通过用户停留时长来获取相应收益的虚拟经济系统。

1995 年，一款东方武侠题材的 MUD 横空出世，《侠客行》正式推出。

今天再看 MUD，依然心怀激动。MUD 就是社区，也是早期元宇宙。在这个早期元宇宙里，中国互联网步入一段田园牧歌、岁月静好的时期，一切都充满美好，所有人都憧憬着未来。

虽然 Web 1.0 离我们已经很久远，但开放、去中心化的网络社区治理，却是所有人的初心。

通过 BBS 和 MUD，网络社区的产品模式被中国开发者发挥到极致，用户在虚拟世界得以拓展现实世界的社交，吸引用户消耗了大量在线时间。与此同时，中国用户上网方式也在悄然改变，较之高冷的计算机机房，越来越多用户走进遍布我国城乡街巷的网吧操作计算机，享受互联网冲浪带来的新奇和愉悦。

用户有了，流量有了，如何商业化变现成为摆在所有从业者面前一道必须回答的问题。随着我国加入 WTO，嗅觉敏锐的国际资本看好中国互联网市场巨大的用户基数和增长潜力，纷纷涌入中国市场。一时间烽烟四起，群雄逐鹿，中国互联网的时代红利正式开启。Web 1.0 时代的岁月静好也终于奏响了挽歌，Web 2.0 时代的序幕缓缓拉开。

Web 2.0：交互网络

Web 2.0 这个词由达西·迪努奇（Darcy DiNucci）在 1999 年撰写的文章《支离破碎的未来》（*Fragmented Future*）中首次创造并使用。直到 2004 年末的 O'Reilly Media Web 2.0 会议上，才由蒂姆·奥莱利（Tim O'Reilly）和戴尔·多尔蒂（Dale Dougherty）推广成为我们现在所定义的概念。

相较于 Web 1.0 时代的内容创作者占少数，内容消费者占绝大多数的生态格局，Web 2.0 更加以每个用户为中心，注重由用户生成内容（User Generated Content，UGC），强调交互性。因此有人将 Web 2.0 称为“交互网络”。

成立于 2004 年的美国社交媒体平台“脸书”（Facebook）是 Web 2.0 的典型产品。它发源于扎克伯格在哈佛读书期间创立的网站 FaceMash。

FaceMash 初试啼声后，扎克伯格敏感地意识到，年轻人对社交具有天然的渴望，而互联网把这种渴望的传播速度和广度都提升到一个新的水平。于是，在哈佛学长的鼓励下，扎克伯格于 2004 年初上线了社交网站 The Facebook，网站专供哈佛学生使用，实行哈佛邮箱的实名制注册，用户个人信息都是真实可查的，实现了现实世界身份与虚拟世界身份的映射。随后，网站迅速蹿红，一个月内有半数哈佛学生登记注册。

在随后的发展中，Facebook 将社交属性发挥到极致，迅速成为美国第一大社交网络平台。它为用户创造了一个可创建个人资料，与朋友、同事、世界各地的陌生人建立线上联系，分享图像、音乐、视频与新闻的综合社交平台。

每个 Facebook 用户平均拥有 155 个好友，其中现实生活中的好友大约有 50 个，且好友的种类非常广泛：

- 93% 的用户表示 Facebook 好友包括家人及其他亲属
- 91% 的用户表示 Facebook 好友包括现在的朋友
- 87% 的用户表示 Facebook 好友包括过去的朋友，例如旧同事、老同学等
- 58% 的用户表示 Facebook 好友包括现在的同事
- 39% 的用户表示 Facebook 好友包含从未见过面的陌生人
- 36% 的用户表示 Facebook 好友包括他们的邻居

Web 2.0 的另一类典型产品是博客与微博客。

2006 年 3 月 21 日，推特（Twitter）联合创始人杰克·多尔西（Jack Dorsey）发出了第一条 Twitter 文本“just setting up my twttr”。这个以微博客形式展示内容的社交网络平台进入公众视野。

借助 Twitter，用户可以发送 140 个字符的短文本（2017 年提升至 280 个字符，但中日韩三种语言的文本依旧被限制在 140 个字符）。Twitter 源于在线日记式的个人网站——博客（Blog），并在其基础上，为用户提供了一种更简单的内容发布方式，因此，Twitter 在早期被视为个人博客的精简版本。

2007 年，美国西南偏南音乐节（South by Southwest）活动现场，Twitter 首次使用会场外大屏通过文字实时同步活动进程，这种新颖的内容发布方式迅速吸引了大批观众，Twitter 一炮而红，晋身美国主流网络社交网站。

Twitter 发展速度惊人，2010 年，用户日均发送文本的数量超过 5000 万条，紧随第一名 Facebook 和第二名 Myspace，成为全美社交网站排名的第三名。

对比 Twitter 与 Facebook，二者最显著的区别即在于“用户关系”的不同模式。

Twitter 的用户间是一种单向关系，只需一方关注另一方即可；Facebook 的用户间是一种双向关系，需要被关注方予以确认。

从用户交互角度看，Twitter 的单向关注更友好，且内容可以转发，因此具备了媒体属性，传播路径更多元，传播效率更高，短时多次转发覆盖面更广，创造了 Web 2.0 时代崭新的资讯传播模式。

因此，Twitter 的本质是信息传播，而 Facebook 的本质是用户关系，Twitter 的用户关系是为了信息本身而服务，Facebook 用户创造的内容是为了关系而服务。虽然 Twitter 和 Facebook 商业化的模式都是互联网广告，但基于上述本质差别，其商业化过程却呈现出巨大差异。Facebook 根据用户实名制、好友关系、点赞等个性化反馈机制准确获取了用户的个人偏好，绘制出相对精准的用户画像，使 Facebook 能够向用户推送更精准的定制化广告以提升广告转化率。Facebook 用户间的强关系与强连接，也有利于品牌广告的口碑传播。熟人好友的转发和参与极大提高了品牌推广的渗透力。

反之，Twitter 的商业化之路则一直磕磕碰碰。长期以来 Twitter 自身业务比较单薄，帮助其早期迅速蹿红的名人效应和自媒体属性，到中期反而成为商业化道路上的最大阻碍，即过度强调传播资讯的简洁与时效，失去了建立平台丰富生态的可能。与 Facebook 相比，Twitter 在用户画像和用户间互动两个领域明显落后，特别是面对后起之秀 Instagram、Snapshot 的冲击，用户增长、日活率、停留时长都呈现明显的下滑趋势。Twitter 的商业化模式备受广告商质疑。

Twitter 用户更习惯被动获取信息。有数据显示，Twitter 前 10% 的头部用户创作了 90% 的平台内容。而 Facebook 用户更习惯主动输出内容，分享照片、文字和视频，Facebook 前 10% 的头部用户只生成了 40% 的平台内容，其余 60% 则是其他用户创作的内容。

因此，从商业模式的角度，能够更清楚地区分两家巨头。Twitter 是互联网时代的演讲角，满足用户表达分享的欲望，基于此建立一对多的关系网络。Facebook 则通过技术手段把用户现实生活中的社交网络平移到虚拟世界，这也是 2022 年 Facebook 最终转型元宇宙的逻辑原点。

在 Web 2.0 时代，互联网上的用户是谁逐渐变得重要起来。巨头们想方设法地获取更多用户信息和行为，给用户形成一个个标签，让自己的商业帝国更加强大，护城河更深。

Web 2.0 的中国特色：电子商务与 O2O

在中国也有典型的 Web 2.0 产品，如：

- 2003 年推出的百度贴吧
- 2005 年成立的豆瓣网
- 2005 年成立的人人网
- 2005 年推出的 QQ 空间
- 2009 年推出的新浪微博

与上面的产品相比，更引人注意，更具有明显中国特色的，显然是基于人口红利和网民需求而发展形成的电子商务与 O2O。

电商的反攻

2001 年 12 月 11 日，中国正式加入世界贸易组织，并逐步开放电信业务，也包括互联网相关业务。随后外资可以进入中国，一股外资投资的高潮跨洋而来。对于仍处在烧钱阶段、缺乏盈利能力的中国本土互联网创业企业，欧美互联网巨头的态度是坚定且决绝的——Buy it or kill it（买下它或杀死它）！收购成为外资布局中国互联网市场的不二选择。

2003 年，易贝（eBay）收购邵亦波的易趣网；同年，雅虎（Yahoo）收购周鸿祎的 3721；

2004 年，亚马逊收购雷军的卓越网；

2005 年，微软以合资方式将 MSN 服务推入中国；同年，谷歌进入中国市场，成立中国研究中心。

短短 5 年时间，美国互联网巨头悉数进入中国市场。

当时国内互联网企业是 CTC 的模式，自身业务模式都来源于对美国巨头的复刻，学生对战老师，几无胜算。同时，受限于当时我国消费者较低的消费能力，国内互联网企业盈利能力普遍较差，面对财大气粗的巨头冲击，没有任何还手之力。国内本土互联网企业的创始人都在打破脑袋和美国互联网巨头搭上关系，抱着 FOMO（Fear of Missing Out，意为害怕被落下）的心态，希望能早日找到投资方。

改革开放以来，外资企业曾经是年轻人心之向往的求职目标。因此，在选人、用人方面，本土企业更是备受冲击。伴随着外资巨头的收购，不少优秀专业人才加速向海外和外资企业流失。

eBay 收购易趣后，占据了中国 C2C 市场 90% 以上份额；

MSN 迅速占据中国高端社交通信市场，成为中国高级商务人士的标配；

亚马逊收购卓越后，在中国 B2C 市场份额一度排名第二（第一为京东）；

雅虎中国也有超越新浪、搜狐，成为中国新一代门户网站的趋势。

这是一场看似胜券在握的海外资本收割中国市场的盛筵，本土互联网企业只能在细小的夹缝中求得生存。活下去，是当时所有中国互联网从业者的唯一选择。

然而，欧美互联网巨头进入中国市场后的第一件事情，不是市场调研，不是用户访谈，而是汉化。巨头们认为只要将其在欧美市场已成功的产品搬运到中国即可，推出网站和服务的汉化版，即宣告本土化完成。在巨头眼中，中国市场只是其全球布局的一个节点。而且受限于当时中国的经济发展水平，相比欧美用户，中国用户的付费能力还很弱。因此，中国用户的需求，对于巨头而言，并不重要。

时至今日，“本土化魔咒”依旧是悬在欧美公司头顶的达摩克利斯之剑。究其原因，与西方文明对其他文明固有的、自以为的强大优越感有极大关系。西方文明从来只接受他人的服从，而很难为他人改变。

但巨头们忽略了一个事实，彼时中国网民的结构与欧美国家完全不同。相比欧美的主流网民，中国网民的平均年龄更低，因此娱乐社交才是强需求，而非欧美市场主流的商务社交需求。

反观挣扎在盈亏线的中国本土互联网企业，用户是上帝，是衣食父母，中国用户需要什么，企业就提供什么。于是，越来越多解决中国用户痛点，迎合中国时代特点的产品和业务，由中国本土互联网企业率先推出。

随着 3G 技术的日益成熟，中国本土企业迅速将战场从 PC 端转至移动端，并将移动端作为主要的流量入口。为解决消费者各种生活需求而开发的 App 应运而生。即便是在 PC 端，淘宝、京东的页面，无论从内容到社交再到用户体验，都比巨头们一直坚守的传统页面要丰富、友好得多。

中国电商为本土互联网守住了阵地：

2005 年，阿里巴巴全资收购雅虎中国；

2006 年，eBay 出售易趣股份，退出中国市场；

2014 年，微软关闭 MSN 服务；

2019 年，亚马逊退出中国市场。

破釜沉舟、背水一战的中国本土互联网企业，向死而生，奋力一搏，最终等到了新时代的曙光，并借此提高了中国企业在全球互联网行业的地位，也正式升级为“创新”模式。

今天，所有中国的出海企业都会把本土化作为进入国际市场前优先设计的顶层战略，以保证业务在国际市场迅速推开。今天的“本土化”，不仅仅是人的本土化，更是文化的本土化。对国际用户、国际文化的尊重与否，在极大程度上会影响跨国公司在多元文化背景下的业务拓展。

O2O 泡沫

2008 年，Groupon 在美国芝加哥成立，开启了 O2O 团购模式。最初模式很简单，每天在网站发起一笔交易，提供一个极具吸引力的本地商家优惠券，一旦购买优惠券的人数达到预期数量，交易就会生效。彼时美国正在经历次贷危机后的消费降级，这种团购服务迅速获得消费者的青睐，公司业务快速起飞。

2010 年，模仿 Groupon 的满座网在中国上线，点燃了那场千团大战的烽火。

经历多年电商洗礼的中国用户，对于 O2O 团购模式迅速接受，“没有中间商赚差价”这句广告语极具诱惑力。

美团、聚划算、糯米团、拉手、24 券、窝窝团、点评，仿佛一个个散财童子从天而降，消费者收获小小实惠，资本用注水的数据推高被投企业估值，一场各怀心思、注定破局的盛宴在中国上演，有人沉醉于觥筹交错，有人俯身深耕殚精竭虑。

王兴再次回到公众视野，他带着美团杀入 O2O 战场，最终赢下了惨烈的千团大战。究其原因，在于王兴对 O2O 本质的深刻认识：在同行对手的注意力还停留在补贴层面时，王兴已经敏锐意识到，O2O 本地服务与团购是两种不同的业务，面对淘宝旗下强大的聚划算，美团在实物团购战场毫无胜算。但服务团购，无论渠道运营、销售模式、售后管理都与实物团购差异极大，更接近 O2O 模式的本质，把人、服务、场所通过移动端串联成一个闭环。

O2O 本质是连接，如果说 Web 1.0 开启了人与信息的连接，Web 2.0 则增进了人与人的连接，电商模式拉近了人与商品的连接，O2O 则连接了消费者与服务者。与一般货物贸易不同，服务是很难标准化的，因此，O2O 从初始就瞄准线下服务的各细分垂直领域。作为新的投资风口。BAT 等巨头纷纷入局 O2O 行业，掷重金战略收购或投资垂直领域创业公司，培养了一批市值上亿的本地生活服务企业。

巨头的触角无限下沉，促使互联网与传统产业的边界进一步模糊，线上和线下走向完全融合，成为虚实交融的新业态，我国政府也适时提出了“互联网 +”的战略，对我国 O2O 市场的发展给予认可。与此同时，BAT 成功拿下了全球互联网公司市值 TOP10 中的三席，似乎属于中国人的时代到来了。

一夜之间，中国所有行业都和 O2O 这个风口联系起来，资本躁动，热钱涌动，人人都是 FOMO 的心态。除了团购、外卖以外，琳琅满目的服务门类被 O2O 的魔法唤醒，按摩、美容、美甲、家政、洗车、出行、医护等，只有你想不到，没有你找不到，全民创业 O2O，万事皆可 O2O。

物极必反，盛极而衰。这个规律，谁也逃不掉。本质上看，彼时绝大多数 O2O 项目，仍是基于 PC 产品思维的中介平台，套上 O2O 的外衣，做成天花乱坠的项目 PPT，O2O 成为互联网行业“风口论”的鼻祖。但市场和消费者有自己的选择，虚假繁荣的泡沫终究会被无情刺破。

肇始于东方纸业的中概股危机，严重打击了资本市场对中国企业的信心。从 2010 年 6 月美国证监会调查东方纸业开始，截至 2011 年 12 月，合计 19 家中概股公司遭到美国证监会调查，其中 10 家中概股公司因为财务造假、投资欺诈等行为被强行退市，6 家被勒令限制交易，3 家被处千万美元不等的罚金。

受中概股危机影响，O2O 千团大战的幸存者拉手网遗憾终止赴美 IPO，源自美国资本市场的风暴意外刺破了中国 O2O 市场的虚假繁荣。浮躁的 O2O 团购市场开始备受质疑，毛利极低、疯狂烧钱、广告恶战、浮夸成风、各种不正当竞争。热钱撤退，筵席散场，只落得一地鸡毛。

O2O 团购的风口过去了，但 O2O 依然活着，美团还在，而且越来越好。

以一线城市为例，经过改革开放四十多年的建设和发展，城市基础设施已经完备，有些领域甚至赶超欧美发达国家。一公里生活圈内遍布各种服务商家，餐饮、娱乐、健身、休闲等，但每个商家本质上都是独立运营或是某个连锁品牌的实体店，因此 O2O 平台实际上已经成为上述店家的超级门户 App，店家通过平台向用户提供点餐、优惠、团购、外卖全程服务，平台从中抽取佣金。

因此，坚守本地生活服务的美团，在惨烈的市场竞争中存活下来，成为一个有内容、有生态的 O2O 超级平台。O2O 模式本身没有问题，但风口上的中国 O2O 模式有问题。中国 O2O 模式，兴于“我要赢”，死于“假大空”，通病归纳如下：

一曰假，低频、伪需求、伪痛点，消费频次是线上的流量出口，也是线下的变现出口，低频的需求，不是需求，基于低频需求的 O2O 不成立；

二曰大，看似大而全，实则同质化，看似包罗万象，实则同质化且水平参差不齐，这种服务无法让用户产生黏性，无黏性的 O2O 不成立；

三曰空，融资烧钱，跑马圈地，空有表面红火，实则寅吃卯粮，坐吃山空，没有盈利模式的 O2O 不成立。

回到本节开始，O2O 是一种线上线下结合的商业模式，只有人、服务、场所三要素必须齐备，能够为用户提供持续的价值，并拥有合理清晰的盈利模式，才有落地的可能，其余一切都是空谈。移动互联网只是提升效率的工具，将需求与供给融合的效率提高，实实在在的线下消费场景才是 O2O 模式的基石。

钱不是万能的，烧钱烧来的是流量，烧不来的是需求。技术无法创造需求，技术更无法创造市场。需求在哪里，市场就在哪里。

O2O 模式催熟了中国移动互联网市场，越来越多 App 上线应用商店，而后安装到用户手机，手机替代 PC 成为主要的流量入口，互联网行业又在酝酿着新的颠覆性变革，因为不管是产品还是思维，移动互联网与 PC 互联网都有着本质差别，如果说这是一场新的革命，那么被革命的就是 PC 互联网。

Web 3.0：数据所有权革命

说起 Web 3.0，它的名称到底是 Web 3.0、Web 3 还是 Web3？这种吹毛求疵的问题并不会引起人们的兴趣，对于理解 Web 3.0 的含义也无关痛痒，但这是个触及 Web 3.0 名字起源的好问题。

2014 年 4 月 17 日，彼时身为以太坊创始团队首席技术官的加文·伍德（Gavin Wood）在个人博客发布了一篇名为《DApps：Web 3.0 长什么样》（*DApps: What Web 3.0 Looks Like*）的博文。当时世界正处于 2013 年 6 月斯诺登通过媒体曝光了美国国家安全局两大秘密情报监控项目的舆论余震中。加文·伍德意识到，将我们的资料和信息都托付给某一个组织这种现状需要改变。他提出了后斯诺登时代的下一代互联网 Web 3.0，并描述了 Web 3.0 应该具备的几个组成部分：

- 一个加密的，去中心化的信息发布系统
- 一个基于身份的，但又是匿名的底层通信系统
- 一个用于取代中心节点信息验证功能的共识引擎
- 一个将上述三点结合在一起的用户交互系统

此后，随着以太坊生态的崛起，成千上万遵循以上特征的 DApps（Decentralized Applications，去中心化应用程序）涌现。这些 DApps 的用户和开发者社区由 95 后甚至 00 后的年轻人构成。他们将 Web 3.0 的含义从加文·伍德提出的技术框架扩展到了生态、运营和文化领域。逐渐地，Web 3.0 这个有着系统版本号一般的严肃技术风格，甚至在单词和数字之间要按英文

规范插入空格（如 iPhone 13 中间的空格）的表述，在用户社区中演变成带有简单、自由、开放、激情、冒险气息的 Web3。Web3 社区简单随性的风格不仅体现在对圈子的表述上，社区中的缩写也透露着浓浓的互联网早期 OICQ、网上冲浪时代的风格。本书附录 2 为 Web 3.0 社区常用缩写，以供参考。

虽然目前更多的人在正式场合采用 Web 3.0 的表述方式，但是我们应该知道 Web 3.0 表述具有技术流派风格，而 Web3 表述则具有用户社区风格。

回顾 Web 1.0 和 Web 2.0，互联网起初是一个自由、平等、开放、协作、共享的空间，人人皆可发声。后来为了信息搜索效率，人们将信息开放给了搜索引擎，由搜索引擎来汇总分发。逐渐人们将发言权和隐私权都让渡给电商平台、搜索引擎、新闻聚合平台、各种服务平台，它们随即成了 Web 2.0 时代的互联网巨头。

信息茧房是凯斯·罗伯特·桑斯坦（Cass R. Sunstein）在其著作《信息乌托邦：众人如何生产知识》（*Infotopia: How Many Minds Produce Knowledge*）一书中提出的。它指的是在信息传播中，因公众自身的信息需求并非全方位，只注意自己选择的和使自己愉悦的领域，久而久之，会将自身像蚕茧一般桎梏于“茧房”中。

从主观和客观两个维度剖析，信息茧房包括算法推荐造成的客观茧房，与用户自身选择的主观茧房。信息在推荐算法的筛选下确实可以实现“千人千面”，以满足用户的个性化喜好。但对任何单一用户来说，其接触的信息持续性处于“单人单面”的状态，从而导致用户深陷信息茧房而不自知。

巨头们一方面以“算法能向精准受众分发信息”的名义向上游掌控了信息发布方的发布出口，另一方面以“算法能帮用户精准推荐信息”的名义向下游掌控了信息接收方的获取入口。这使得上下游的用户都丧失了数据所有权，形成了由 Web 2.0 巨头们垄断的信息茧房。

平台和寡头制定了一套与现实世界相同的游戏规则。用户付出时间，出让数据所有权，换取平台提供的服务。平台将用户数据和时间凝结而成的流量，加工成产品实现商业化变现。用户的关注和停留，构成了平台的流量，而流量和基于此形成的用户数据成为平台商业化变现的基础。

技术能引导社会变革，却逃不出时代局限性。在 Web 2.0 时代，人类并没有实现对现实世界的改造，只是把现实世界的社会结构以技术的方式复制到虚拟空间，现实世界的阶层、壁垒依旧存在于虚拟空间。

在 Web 2.0 系统中，个体只是网络中无数节点之一，必须依赖中心节点。中心节点制定规则，决定了其他节点的行为和生存。Web 3.0 系统中，个体还是网络中无数节点之一，但每个节点都高度自治，且拥有自己的决策过程。

Web 3.0 是通过区块链等技术形成的“共创、共享、共治”的新型价值体系，用户创造的内容由用户拥有和支配，用户创造的价值根据社区协议进行分配。同时，相对于 Web 1.0 和

Web 2.0 的用户来去自由，基于区块链的不可篡改性，Web 3.0 网络中的用户与自己的身份有了更深的价值羁绊。用户与互联网，与互联网其他用户的关系更加紧密地绑定在一起。从这个角度来看，Web 3.0 可以被称为“价值互联网”。

互联网既要效率，也要公平。人们迫切渴望互联网能够坚守初心，变回那个每个用户都享有数据所有权，分享互联网价值，社区共建共创共享的公平互联网。这就是 Web 3.0 的数据所有权革命。

第二章
区块链进化史

区块链是一种去中心化的计算机网络，也是实现 Web 3.0 世界的诸多技术基础中最重要的一个。这一章我们来回顾区块链是怎样从单一功能的比特币网络进化到承载了众多 Web 3.0 生态的多链智能合约网络。

加密货币时代

比特币——早期 Web 3.0 项目

比特币和其他加密货币在近些年已经因为各种骗子和投机者的参与而臭名昭著。提起比特币，人们大概会联想到暴富、贪婪、投机、炒作等负面词汇，连带着把区块链和 Web 3.0 也蒙上了负面色彩。我们首先来梳理比特币和 Web 3.0 的关系。

通证（tokens）是 Web 3.0 能够更公平、更有效率的一个关键因素。通证的概念范围非常广，它的作用和实际案例笔者将在后面章节列举。加密资产是通证的其中一类，通证并不一定加密，但在 Web 3.0 的语境里，通常都是指带有去中心化特性（即无法被中心化机构通过在发放通证后部署的代码篡改）的加密通证。比如蚂蚁森林发放的能量就带有通证性质，但它并不具有去中心化特性，不是加密资产。加密货币是加密资产的一种，特指比特币等小范围被接受作为支付手段的加密资产。但加密资产并不一定是加密货币，比如 NFT 与数字藏品。

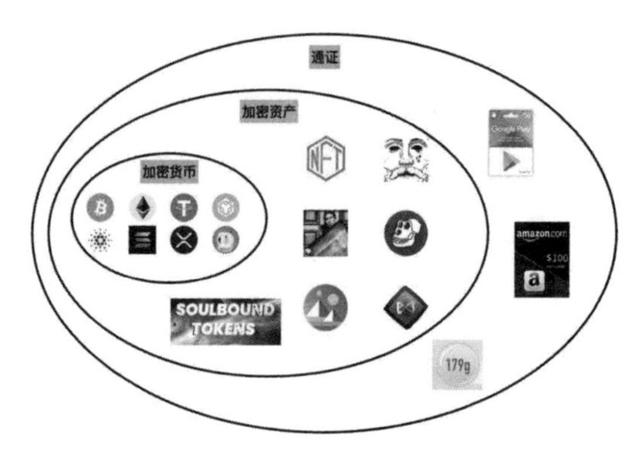

通证、加密资产与加密货币

Web 3.0 的底层网络架构是基于区块链的，而区块链的第一个应用是比特币。区块链的发展要从比特币说起。

1982 年，一位计算机科学家提出了“拜占庭将军”问题。问题大概是这样的：假设回到一个通信能力有限的时代，几个拜占庭将军想从多面同时进攻一个城池，有没有办法在一部分传递进攻命令的信使是叛徒的情况下依旧保证所有将军获得正确的信息。在一个去中心化的交易系统中，这个问题的映射则是：当多个分布式的服务器同时对一个交易进行记账时，如何保证在一部分交易记录来自于黑客服务器的情况下依旧让大部分服务器确认正确的交易。

于是，在 2008 年，一位化名为中本聪的匿名者在网络上发表了一篇白皮书，其中描述了一种从最初的“拜占庭将军”问题的解法中衍生出的工作量证明机制，并且增加了对现实中的网络延迟问题的考量，实现了区块链算法的雏形：比特币。

工作量证明机制，简单来说就是从所有的服务器中选出一个来记录交易，然后由它向其他服务器验证记录，验证通过后即成为公认的交易记录。而选出这个服务器的机制，就是让所有服务器一起做一道没有实际意义但是运算工作量非常大的计算问题，谁先算出来谁就被选中。

这样的一个去中心化的记账系统对传统交易系统来说是一种颠覆性的改变。比特币使得本来需要中心化账本才能进行的记账行为第一次能脱离中心化的控制，使交易者不需要依赖任何银行或者支付机构就能进行支付和转账。

目前业内对于 Web 3.0 是否必须去中心化这点仍有争议。但毋庸置疑的是，比特币的去中心化程度是现存所有 Web 3.0 项目中做得最好的，具体表现为被篡改的难度极高，并且价格受中心化机构的影响要远低于其他 Web 3.0 资产。

虽然比特币的生态单一，网络运算速度低下，但是如果把比特币作为一个 Web 3.0 项目的参考案例去评估它的去中心化程度（公平程度）的话，会有助于我们在投资、参与或运营 Web 3.0 项目的时候拥有更全面的视野。我们可以用以下五个指标来评估一个 Web 3.0 项目的去中心化程度：

（1）项目钱包的透明性 一个项目的钱包越是透明，越能让大家了解这个项目的参与者构成。如果无法公开透明地了解一个项目的参与者构成，就无法进行更深度地评估。

（2）初始钱包的通证占比 初始钱包通常是项目方和核心投资者的地址，如果持有过多的通证，就说明他们对项目的影响力极大，这种项目是极其中心化的。

（3）相关生态的去中心化 在 Web 3.0 的错综复杂的生态中，大部分项目都并非独立存在而是依附或者嵌套于其他项目的。这时哪怕一个项目在开发层面是去中心化的，其价值和功能也会很大程度上被其他项目影响。而后者若是一个中心化的项目，那前者本质上也依旧是一个中心化的项目。

（4）项目方的影响力 一部分项目方本身并没持有大比例的通证，但由于他们的声音对项目的开发社群有着极大的影响力。这种情况下这也是一个偏中心化的项目，但中心化程度要比少数人持有大比例通证的项目要低。

（5）流动性 哪怕比特币作为一个完全独立的项目，并且没有和任何其他项目有嵌套关系，在早期流动性较低的阶段依旧可以轻易受到几个重要参与者深度影响，甚至有可能因为在链上的节点过少或者大部分节点被垄断，导致被篡改项目数据。也就是说，在那些流动性较差的项目上，被大算力主体篡改资产所有权的可能都要大于流动性高的项目。

乱世 ICO：白皮书致富

ICO 的起源

2017 年是比特币最疯狂的一年，作为体量最大、总市值最高的加密资产，尽管其早在 2009 年就已面世，然而 2017 年行情暴涨，让我们不仅见证了比特币接近 2 万美元的天价，也目睹了一种新型融资模式的野蛮扩张。

首次代币发行（Initial Coin Offering，ICO），对应着首次公开募股（Initial Public Offering，IPO）应运而生。“这是最好的时代，也是最坏的时代；这是智慧的时代，也是愚蠢的时代。”ICO 作为区块链早期的杀手级模式，在当时迅速成为最为火爆的新型融资工具。

21 世纪的前 10 年，受电子设备不成熟和互联网不完善的影响，当时早期的比特币爱好者更多是在 Bitcoin Talk Forum 论坛内交流。

2012 年 1 月，来自美国的软件工程师威利特（J.R.Willet）在 Bitcoin Talk Forum 提出在比特币基础上建立新的协议、发布新的加密资产的想法，详细描述了如何进行第一次 ICO。但他并没有将其称作 ICO，而将其称为自主启动机制（Bootstrapping Mechanism）。2013 年 7 月，他发起了史上第一次加密资产众筹——MasterCoin: New Protocol Layer Starting From “The Exodus Address”。这在当时的加密圈（Crypto，俗称“币圈”）引起不小的轰动，就此诞生了世界上第一次 ICO（MasterCoin: A Second-Generation Protocol on the Bitcoin Blockchain）。MasterCoin，现已更名为 Omni，其核心理念为“拓展比特币网络的功能”，该理念的内涵为“使开发人员有机会参与编写比特币的拓展内容，而他们将拥有新开发内容的一定所有权份额”。

在 2013 年的夏天 J.R.Willet 在一个月内便很快筹集到了在当时价值 50 万美元的比特币，而那些论坛里的人们，则成了 MasterCoin 项目的投资人和加密资产持有者。

当年的 MasterCoin 众筹还只是极客们小圈子里的狂欢，直到以太坊的出现，才真正将 ICO 推向了历史新舞台。

2013 年年末，以太坊创始人维塔利克 · 布特林（Vitalik Buterin）发布了以太坊初版白皮书；2014 年 7 月份，团队创建了以太坊基金会，并于 7 月 22 日在以太坊官方博客上宣布开展以太坊众筹，12 小时之内，740 万以太币被一抢而空，当时价值将近 230 万美元。

开创式的巨额众筹将 ICO 带入了更多人的视野，2015 年 11 月 19 日发布的以太坊平台上的 ERC-20 智能合约标准则让 ICO 变得更普及更便利。据统计，在 2015 年市值最高的 100 个 ICO 项目中，有 92 个都是通过以太坊区块链作为平台，并通过 ERC-20 标准发行的加密资产。

以太坊 ICO 给之后的区块链项目的募资提供了蓝本。以太坊事实上是以合法合规的方式，在一定的法律框架下做了 ICO 融资。为了使以太坊的发售符合法律及金融监管，以太坊社区成立了几个法律实体，这其中就包括 2014 年 6 月在瑞士楚格建立的以太坊基金会。

ICO 的没落：泡沫闪烁，乱象丛生

在创新面前，伟大的人看到了改变世界的潜能，而贪婪的人则捡到了一夜暴富的商机。ICO 这项新兴的事物被滥用了。根据 TokenData 的数据，在 2017 年开展的 902 个 ICO 项目中，142 个项目在注资阶段就已经宣告失败，276 个项目或卷款逃跑，或在开发阶段流产，这就意味着 ICO 的失败率接近 50%。

2017 年 7 月 27 日，福布斯杂志的封面故事将 ICO 称为“史上最疯狂的泡沫”（The Craziest Bubble Ever），形容这是一群精明的人从贪婪的傻人手中赚钱的游戏。同年 9 月 4 日，我国全面禁止了各类代币发行的融资和交易活动，ICO 瞬间退出了当时世界上最大的交易市场。随后韩国也叫停，新加坡将 ICO 归于证券法的管辖之下，印度储备银行宣布停止各项加密资产相关服务，芬兰将 ICO 视为私人合约纳入税收范围，英国政府成立“虚拟资产特别行动小组”，美国证券交易委员多次发出风险警示。

2018 年 7 月，彭博社发布了一篇非常详细的研究报告，报告中指出，大约 78% 的 ICO 项目在交易前就被识别出是一场骗局。伴随着 ICO 的诸多缺陷，例如不受监管，没有项目条款和条例，消费者权益难以保护，项目大多不成熟以及缺乏透明度等，ICO 的热度开始逐渐降温。

作为融资方式，ICO 不像 IPO 需要经过尽职调查、审计、证监会等监管机构的层层审批。为了增加一定的公信力，ICO 项目普遍引入了一个非盈利的独立第三方组织来对融资进行管理和监督，即基金会。

然而基金会的存在，却让许多 ICO 项目进入了瓶颈，因为这种基金会的管理模式难以和 ICO 模式共存，区块链行业里的许多人开始思考如何改变 ICO 模式中的资金管理存在的问题，不止一个人提出采用去中心化的智能合约软件，而非人和机构来进行管理。

不管是全面禁止还是严控，或是难以决断，各国对此似乎都是顾虑重重，踟蹰不前。摆在政府部门面前的问题不单单是 ICO 的合规性以及投机分子的金融骗局，更是 ICO 对各国传统金融体系的颠覆。如果越来越多的人开始使用加密资产，税收将会变得非常困难，这对每个国家来说都是一个致命威胁。

没人能预料到，最初曾被人不屑的 ICO，却带来了如此猛烈的冲击。也许这是一项创新颠覆性的技术，但它已经被投机分子滥用了。ICO 自身机制的不成熟和监管的困难，让我们在短时间内很难看好它。但任何技术的兴起都不可避免地要在一轮轮试错中，慢慢建立底层基础设施，普及技术理念和完善监管政策。

随着 ICO 的退场，Web 3.0 告别了加密货币时代骗子横生的乱世，迎来了为数字经济赋能的智能合约时代。

智能合约时代

Ethereum 以太坊：众星拱月的最大生态

以太坊的前世今生

是通证的出现，使互联网从“信息互联网”阶段跨越到“价值互联网”阶段，但通证的最初含义并没有现在这么广泛。Web 3.0 的建立实际上是从比特币到加密货币，再到加密资产，最后形成了更广泛的通证应用。而以太坊的出现，代表着 Web 3.0 进入了加密资产时代。如果把比特币网络看成区块链 1.0，那么以太坊是当之无愧的升级迭代版，是区块链 2.0 的典范。

以太坊是什么

以太坊的逻辑就是把现实中的合同去中心化形成智能合约。举个最简单的例子，你去自动售货机买可乐，你付钱后可乐出来，这就是一种智能合约。作为一个自动化的、程序化的机器，你付了钱，它给了货。

智能合约的本质就是通过代码程序的方式执行现实社会中的一些底层的制度或者合同。只要条件达到了要求，程序就会执行，解决了谁先出钱，谁先给货的问题。同时，通过区块链的技术，能够让整个交易的过程、结果、代码执行的情况在全网进行记录，且不可篡改。

简单来讲，以太坊（Ethereum）就是区块链版的操作系统，是一个为去中心化应用（DApps）而生的全球开源平台。

以太坊是具有去中心化的自洽经济系统的区块链平台，用于构建去中心化应用程序，以太币（ETH）是该平台所使用的通证的代号（类比于在 QQ 生态下通用的 Q 币）。以太坊可以轻松地创建智能合约，自行执行代码，开发人员可以利用这些代码来处理各种应用程序。以太坊几乎可以用于任何类型的交易或协议，例如支付、投票等，并且全程采用去中心化、无须信任（无须中介）、安全有效的形式。

按照以太坊开发计划，整个项目按四个阶段逐步推进。分别为：前沿（Frontier）、家园（Homestead）、大都会（Metropolis）和宁静（Serenity），阶段之间的转换需要通过硬分叉的方式实现。其中，前三个阶段可称之为以太坊 1.0，其共识机制与比特币网络相同，采用工作量证明机制（PoW）。最后一个阶段宁静则可称为以太坊 2.0，在这个阶段会切换到权益证明机制（PoS）。简单来说，PoS 的原理就是谁持有的通证多，持有时间长，谁就负责记录交易。以太坊现在的每秒事务处理量（Transaction Per Second TPS）是 15，而使用了 PoS 的以太坊 2.0 的理论 TPS 将达到 100,000。相比 Visa 与 PayPal 等中心化网络的交易处理速度，Visa 的理论 TPS 是 24,000，实际 TPS 是 1700，PayPal 的实际 TPS 是 200。

以太坊的诞生

说起以太坊，就不得不提到它的创始人维塔利克·布特林。1994年，维塔利克出生在俄罗斯的科洛姆纳市。他的父亲是一名计算机科学家。6岁的时候，他们举家移民到了加拿大。维塔利克从13岁就开始玩魔兽世界了，可是在2010年的某一天，由于暴雪公司的一次升级，在补丁中移除了术士的“生命虹吸”技能。对此，维塔利克曾在暴雪官方论坛提出抗议，但没有收获任何官方答复，这使他非常悲伤和气愤。于是他决定删除这款游戏，尽管当时他已经在术士身上花费了3年心血。而正是游戏厂商的为所欲为，让他深刻地认识到了中心化服务器的弊端——游戏的拥有者是暴雪公司，他们可以不问玩家意见，随意修改游戏内容。

到了2011年，维塔利克的爸爸不知道从哪儿知道了比特币，就开始给自己的儿子宣传比特币，当时他才17岁。钻研了一段时间，维塔利克开始想着能不能做点什么从而进入这个行业。那时，他没有钱去买比特币，于是他就想着能不能找一份用比特币来付薪水的工作。结果还真让他找到了——帮一家媒体在论坛上写稿件，每篇稿件可获得5枚比特币作为稿酬。

于是维塔利克开始了快乐的写稿时光，而他的文章吸引了米哈依·阿里西（Mihai Alisie，来自罗马尼亚的比特币死忠粉）的注意。他们俩后来共同创办了比特币杂志，维塔利克出任首席撰稿人，而当时他还在加拿大滑铁卢大学读书。

2013年，维塔利克去美国加州的圣何塞参加一个比特币相关的会议。比特币爱好者们从世界各地云集而来，在亲切友好的氛围中，大会取得了圆满成功。见了世面的维塔利克觉得比特币这个事情“有商机”，回去没多久，他就从学校退学了。

接下来，他花了六个月时间满世界去拜访那些想从事加密货币相关工作的个人和团队。

这一圈转下来，维塔利克有点失望。因为他发现，大家做的东西无非都是在比特币上做些修修补补，没有从根本上解决比特币的缺陷。他认为，应该给比特币加上图灵完备的编程语言，这样任何人都能在上面开发去中心化应用，而不仅仅只局限于加密货币领域。

这个看法在当时无异于异想天开。维塔利克把他的想法跟其他人说的时候，有耐心的人可能会说“这个想法不错”，没耐心的人压根儿就不理他。于是他打算设计一种新的“比特币”。这款新的“比特币”将基于通用的编程语言，甚至可以让开发者在上面开发各种各样想要的应用，不管是钱包、支付工具、社交、游戏或是搭建一个新平台都没有问题。

维塔利克一开始把白皮书发给了 15 个人，这 15 个人又相继发给了他们的好友。一传十，十传百，他的想法很快就在比特币社区里炸开了锅。维塔利克提出的智能合约概念推动了比特币 2.0 的发展，在 2014 年他获得了世界科技奖。在拿到了 Facebook 早期投资人彼得·蒂尔鼓励创业的 10 万美元蒂尔奖学金后，他开始全职开发以太坊项目。一段传奇拉开了序幕，以太坊的故事就此开篇。

在以太坊白皮书中，维塔利克在分析了比特币区块链之后认为，在比特币系统的基础上开发高级应用有三种可行路径：建立一个新的区块链；在比特币区块链上使用脚本；在比特币区块链上建立元协议（meta-protocol）。

维塔利克认为，比特币系统的主要组成部件之一 UTXO（Unspent Transaction Output，未使用的交易输出）和其对应的脚本语言有缺陷，他总结有以下四点不足：

（1）缺少图灵完备性（lack of turing-completeness）。尽管比特币的脚本语言可以支持多种计算，但是它不能支持所有的计算。

（2）价值失明（value-blindness）。UTXO 脚本不能为账户取款额度提供精细的控制。

（3）缺少状态（lack of state）。UTXO 只能是已花费或者未花费状态，这意味着 UTXO 只能用于建立简单的、一次性的合约。

（4）区块链失明（blockchain-blindness）。UTXO 看不到区块链的数据，比如区块头部的随机数、时间戳和上一个区块数据的哈希值（Hash）。

维塔利克得出了自己的结论，他认为应当开发一个“下一代智能合约和去中心化应用平台”。他把自己将要开发的系统命名为以太坊。以太坊推动 Web 3.0 进入了智能合约时代，具有里程碑式的影响。

生态及现状

从 2013 年发布白皮书至今，以太坊在智能合约领域一直处于领先地位。它是当前全球最知名、应用最广泛的区块链智能合约底层平台。以太坊建立了一个可编程的、图灵完备的区块链，在这个区块链上，可以通过简单的程序实现各类加密资产的生成，也可以通过编写程序对以太坊上流通的资产状态进行精确控制。至今全球已经有数千种基于以太坊的去中心化应用程序和加密资产。2017 年，以摩根大通、微软、英特尔为代表的 30 多家知名企业联合成立了企业以太坊联盟（Enterprise Ethereum Alliance，EEA）以推动以太坊在企业界的应用，至今已有超过 100 家公司和机构加入了这一联盟。

目前，以太坊上的项目已经划分出众多赛道，针对不同类型的项目大致可以分为：去中心化金融（DeFi）、去中心化交易所（DEX）、游戏、NFT、基础设施等。这些项目会在后文详细介绍。

Layer 2：以太坊的续命神器

区块链性能的不可能三角

2015 年，以太坊与智能合约的出现，使现有商业模式的优化变成了可能。但是，以太坊的 TPS 约为 15 笔，远低于 Visa 等现有交易处理中心，很难扩大生态。于是，提升区块链的可扩展性，成了区块链发展与投资的主要方向之一。但是区块链设计机制决定了它在性能上存在不可能三角，即去中心化、安全性与可扩展性必须舍弃其一。Ripple 和 EOS 舍弃了去中心化，IOTA 和 NANO 舍弃了安全性，而比特币和以太坊舍弃了可扩展性。因此，以太坊就不得不消耗大量用于相互验证的算力和能源。

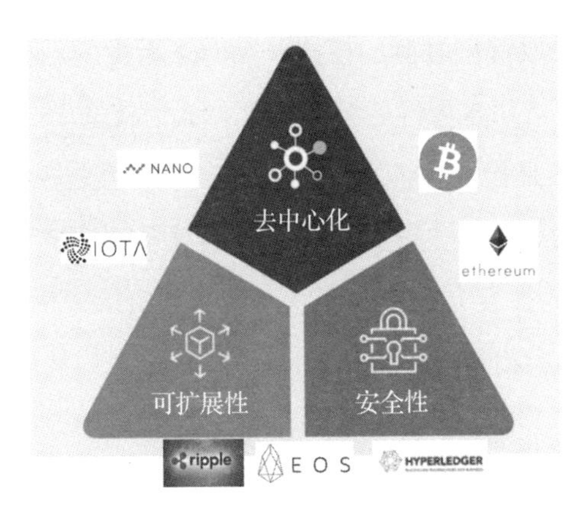

区块链性能的不可能三角

在以太坊上线之初，由于区块链上应用较少，扩容相关的需求暂时没有受到足够关注。2017 年 6 月，ICO 的快速发展导致以太坊网络的拥堵。2017 年 12 月，以太坊上的宠物游戏 Cryptokitties 用户暴涨，以太坊网络再次极度拥堵。区块链参与者们明显感觉到，以太坊作为 ICO 和 DApps 的重要工具，其容量已经难以应对日渐增长的链上交易量。于是，区块链的扩容，迅速成为整个行业发展关注的问题。

扩容方案

区块链可扩展性的提升大致可以分为以下三种：Layer 0（L0 跨链交互），Layer 1（L1 链上扩容，对主链本身进行改造），Layer 2（L2 链下扩容，将主链上部分工作转移至主链以外）。对于以太坊来说，直接对公链本身进行改造对已有的用户等利益相关方影响较大，因此以太坊社区主要关注的是 L2，而对于链上扩容方案则采取缓慢过渡的模式。而对于后发的新公链来说，探索直接建立更高可扩展性的公链模型，成为首选。

L2，主要是指在主链之外建立一个二层的交易处理平台，负责具体交易的处理。主链只负责存取结算及验证链下上传信息的有效性。L2 的扩容方式主要有状态通道（State Channels）、等离子体（Plasma）和卷叠（Rollup）三种方式。

● 状态通道（State Channels）

使用者在需要交易时，在链下建立交易通道，在交易结束后，在主链进行整体结算。

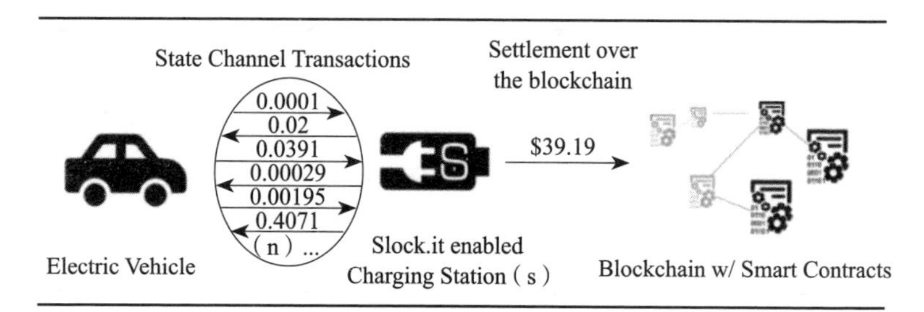

状态通道示意图

操作流程

（1）通道开启：交易双方各自将一定数量资产存入通道

（2）交易：双方在通道内进行交易

（3）通道关闭：交易完成后，一方可以申请关闭通道并将剩余资产提现至链上。另一方如有异议，可以在规定时间内提请仲裁

适用范围

状态通道适合用户在一定时间内频繁进行小额交易的场合，如物联网支付等

方案优势

（1）无需对主链整体进行改造

（2）即时交易

（3）理论上可以无限扩展交易量

方案缺陷

（1）开通关闭通道较为复杂

（2）需要交易双方保持在线状态

（3）需要锁定保证金，存在机会成本

（4）无法使用智能合约

● 等离子体（Plasma）

操作流程

不同于“小额免密支付”的状态通道，Plasma 扩容方案致力于区块链各场合的普遍扩容，方案可以概括为：

（1）在原主链之外生成若干子链（Child Chain）用于交易结算。

（2）资产从主链转移到子链。

（3）子链可以采取相对更高效低安全性的机制迅速处理交易。

（4）子链将交易结果上传回高安全性机制的主链验证。

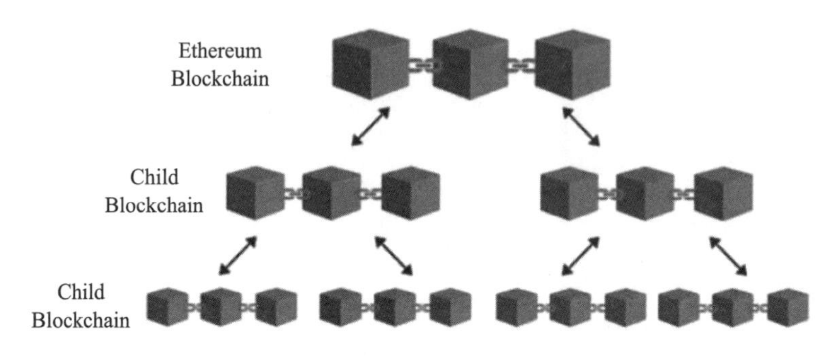

Plasma 示意图

本方案的重点在于“将子链的交易结果交给主链验证”。Plasma 上传的是压缩后的数据。具体来说，一般是采用默克尔树压缩。如图，将很多笔交易经过运算后获得一个根（root），再将根上传。

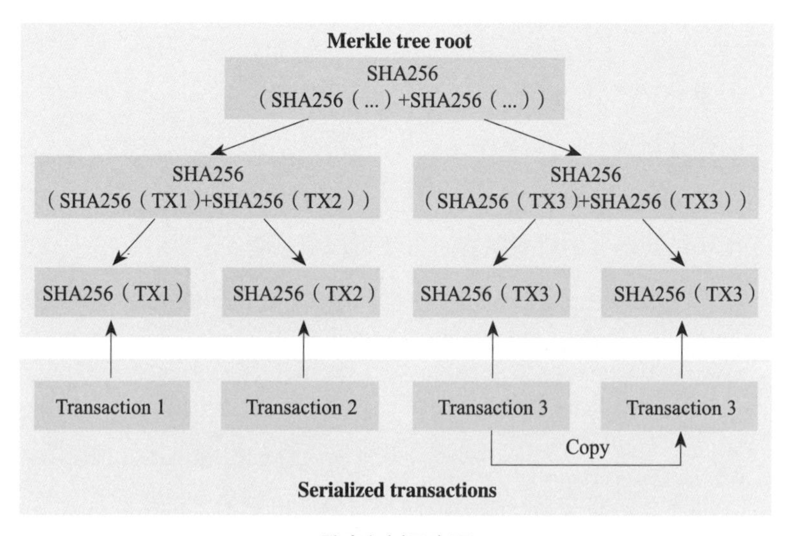

默克尔树示意图

由于以太坊主链只收到了一个压缩后的根而无法检查和验证每一笔交易记录，Plasma 设置了欺诈证明机制，其过程是：

（1）Plasma 的使用者想提现时，发送一个自己的交易记录和提现申请。

（2）提现设置挑战期，任何质疑这条交易记录的人都可以发起挑战。

（3）挑战期结束且未被他人挑战，则取现成功。

方案劣势

本方案非常明显的劣势在主链验证和欺诈证明。首先，子链的低安全性使得攻击子链制造虚假信息的难度相对较低，因此需要主链保证安全性。由于主链无法直接获取子链的完整交易数据（数据可得性不足），用户往往需要自己保留完整交易记录，并且每次提现需要长达一周的挑战期，非常低效。此外，本方案无法使用智能合约。

2020 年 1 月 9 日，以太坊扩容方案研究组织宣布终止对 Plasma 方案的探索，基本宣告了 Plasma 方案的终结。

● 卷叠（Rollup）

Rollup 是当前最为流行的以太坊扩容方案。其基本思维在于，进一步优化 Plasma 的验证和挑战流程。Rollup 主要有以下两类基本思路：零知识卷叠（Zero Knowledge，ZK Rollup）与乐观卷叠（Optimistic Rollup）。

零知识卷叠（ZK Rollup）

零知识的意思是，证明者能够在不向验证者提供任何有用的信息的情况下，使验证者相信某个论断是正确的。

借用 Mina Protocol 的案例：一群人在一张有很多物件的图中找一只熊猫，张三率先发现了熊猫位置，但是他不能立马公开指出来，因为这样就破坏了其他人的游戏体验。有没有什么办法，既能够证明张三知道熊猫在哪儿，又不会让其他任何人知道答案呢？

于是张三找来一张超级大的白纸，并把这张纸随意地覆盖在有熊猫的图片上。然后，张三在白纸上剪一个小洞，只让熊猫露出来，并将这张纸作为自己找到了熊猫的证据。这样，熊猫位置作为关键信息，是被保护起来的，但张三还是能够在不让其他人知道熊猫在哪儿的前提下，证明自己找到了熊猫，这就是零知识证明。

这套算法将有效解决 Plasma 的验证效率问题。ZK Rollup 网络中，Relayer（运营者）负责验证每一笔交易，随后将所有交易记录打包生成证明后，交主链处理。与 Plasma 压缩后无法检验原始信息不同，ZK Rollup 网络中压缩后的证明，是可以验证原先信息有效性的。于是，ZK Rollup 的使用者无须挑战期，可以依靠强大的验证技术做到与主链即时结算。

目前，这类解决方案仍存在潜在风险点：

（1）当前零知识证明算法仍处于相对早期，生成证明本身就需要消耗相当数量的算力资源。

（2）目前基于传统智能合约的交易与零知识证明算法尚未兼容。

初步预计，ZK Rollup 可以将以太坊网络的 TPS 提升至 3000。这个赛道的龙头项目有基于 ZK-SNARK 算法的 ZKSync 和基于 ZK-STARK 算法的 Starkware。

乐观卷叠（Optimistic Rollup）

Optimistic Rollup 可以近似看作 Plasma 与 Rollup 的结合，事实上，此前宣布放弃 Plasma 的 Plasma Group 团队，此时已经转为研究 Optimistic Rollup。

Optimistic Rollup 相对于 Plasma 的差异在于：

（1）Optimistic Rollup 网络中增加了验证者（Sequencer），验证者需要质押一定数量资产才能上岗，并且每 7 天（不同项目可能设置不同时间）将链下交易数据提交一次主网。与 ZK Rollup 的操作者不同，Optimistic Rollup 的操作员无须负责验证，而是直接默认交易记录真实。

（2）支持智能合约。它们的相同之处在于交易同样需要经过挑战机制。链下验证者上传的交易记录需要经历挑战期。如质疑者挑战成功，将获得验证者质押的资产。

按照挑战和检验的机制，Optimistic Rollup 又可以分为 Optimism 与 Arbitrum 两类算法。其中 Optimism 算法得到了以太坊创始人维塔利克的点名表扬。然而讽刺的是，在 Optimism 项目的 OP 通证上线交易所前，项目方发给做市商的 2000 万枚用于提供流动性的通证被盗。虽然被盗的过程与 Optimism 算法本身并无关联，但这件事再次给人们敲响了在 Web 3.0 世界中要注意一切代码细节的警钟。

典型案例：Starkware

在以太坊网络日益拥堵、社区呼唤扩容方案时，2017 年 12 月，链下扩容方案 Starkware 创立，它致力于使用 ZK-STARK 这种零知识证明的算法，建立以太坊上的 ZK Rollup。

2018 年 1 月，Starkware 项目完成种子轮融资 600 万美元，投资人包括以太坊创始人维塔利克。

2018 年 7 月，以太坊基金会投资 Starkware 1200 万美元。

到 2022 年 5 月 25 日，Starkware 已完成 D 轮融资，总融资额 1 亿美元，项目估值高达 80 亿美元，已经成为区块链世界中的龙头项目之一。

Starkware 共推出两大类产品：StarkNet 与 StarkEx。其中 StarkEx 提供针对特定应用的扩容解决方案。有了 StarkEx，链下计算的成本将大幅下降。Stark 证明是在链外生成的，用以验证执行情况。同时，Stark 验证器可以在链上验证该证明。目前，StarkEx 网络上已有 dYdX（永续交易）、Immutable 和 Sorare（NFT 铸币和交易）、DeversiFi（现货交易）和 Celer（DeFi 池）等应用。

StarkNet 是一个无须许可的 L2 网络，任何人都可以在这里部署智能合约。目前，Starkware 网络上的应用已经相当丰富。

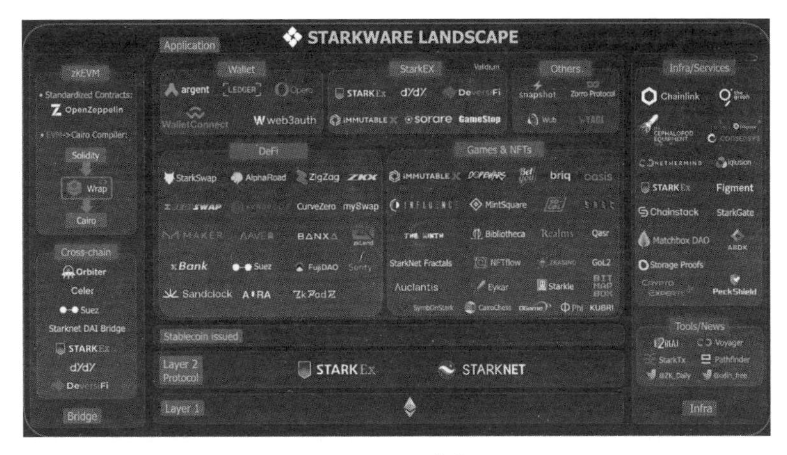

Starkware 生态

币安智能链（BSC）：牺牲了去中心化的苹果系统

2019 年 4 月，币安推出币安链（Binance Chain），主打去中心化交易。Binance Chain 除了具有基本的代币发行、使用和交换等功能外，也拥有可以媲美中心化系统的高吞吐量、低延迟的特性。2021 年 4 月，币安宣布将在原有 Binance Chain 的基础上发布币安智能链。历经 5 个月工程搭建，币安智能键（Binance Smart Chain，BSC）在 9 月 1 日正式上线。经过近一年的发展，2022 年 2 月，币安再次将 BSC 升级为 BNB Chain，但人们仍习惯称其为 BSC。

BSC 是币安在 DeFi 热潮中推出的全新公链，聚焦于开放金融生态。从 2020 年开始，公链赛道进入了群雄逐鹿的世界，随着以太坊伦敦升级，以太坊的扩展性、稳定性得到再一次提升，其生态也更加繁荣。DeFi、NFT、GameFi 都需要高 TPS 来承载高频交易量，DApps 的高速发展，社区的运转，都对公链提出了更高的需求。BSC 在发展的路径上，选择了以太坊主网兼容的道路。这样 BSC 上可以与更多以太坊链上 DApps 和工具相兼容，以太坊上项目方迁移也更加便捷。

BSC 在共识算法上有一定的创新，其采用的权益证明（Proof of Stake Authority，PoSA）共识算法，是权威证明（Proof of Authority，PoA）和代理权益证明（Delegated Proof of Stake，DPoS）的结合。在 PoSA 中，持有通证多且久的可以成为验证节点，轮流记账。验证节点需要根据质押治理机制每天重新选择，获选的节点才能成为当天的验证节点。

币安智能链中的智能一词则体现在智能合约相关的功能上。BSC 支持智能合约编写功能，兼容现有的以太坊虚拟机（Ethereum Virtual Machine，EVM）以及其生态系统下的所有应用和工具，开发人员可以轻松实现以太坊 DApps 的迁移和部署，节省开发精力。BSC 兼容 EVM 的意义在于可以最大程度上兼容目前最火的以太坊生态，吸引开发人员和以太坊上的溢出资金，对于新生的币安 DeFi 生态起步有明显的助力作用。另外，作为支持跨链并可以与 Binance Chain 进行交互的并行链，BSC 原生支持跨链通信和交易丰富了 DeFi 的生态，增加了其流动性；BSC 基于中心化交易所（Centralized Exchange，CEX）的跨链资产转移，相比于各个链上的跨链桥，在费用、效率和原子性方面有着绝对的优势，这也是很多用户选择 BSC 的一大原因。

BSC 本身的硬件条件非常优秀，由于 BSC 与 EVM 兼容，因此它支持以太坊 DApps。根据币安 2021 年底发布的数据，BSC 生态系统中已经有超过 450 个活跃项目，涵盖钱包、衍生品、跨链、金融服务、NFT 市场、游戏、DEX、孵化器等领域，每日活跃地址数（高峰期）已超过 100 万个，每日链上交易量（高峰期）已超过 900 万笔，是以太坊的 6 倍。

然而，左手拥抱中心化交易平台，右手拥抱去中心化业务的 BSC 犹如苹果系统，有一定的封闭性和中心化。其脱胎于以太坊，这也就意味着许多以太坊生态中的漏洞、缺陷、智能合约方面的限制，在 BSC 上也存在，而目前黑客对 BSC 上项目的攻击报道也层出不穷。BSC 作为公开的智能合约链，外部项目均可在其上开发，大量项目与币安无关。但与此同时，此前有跑路项目的部分资产在流入币安后，币安方面以只是 BSC 生态参与方为由，选择冻结其资产 48 小时后便不再作为，受害者只能眼见资产被转移。币安智能链上线超过一年，Venus、Multi Financial、Zap Finance、Tin Finance、SharkYield 以及 Popcornswap 等项目卷资产跑路等负面事件层出不穷。其中，关联方 Venus 项目所涉资产已追回，但部分资产已转移。部分问题钱包地址内的 BNB 至今未动，受害者仍无计可施。此外，BSC 虽然在去中心化方面一直在做创新，比如开放社区运营节点，鼓励用户向节点抵押 BNB，这点和 Solana 做的尝试比较类似，但其抵押门槛较高仍被不少人诟病。由此可见，BSC 未来需要在安全性、用户美誉度、性能稳定性等方面不断突破。

BSC 生态

DeFi

- PancakeSwap：去中心化交易所
- Alpaca Finance：借贷协议
- Biswap：去中心化交易所

NFT

- Binance NFT：中心化 NFT 交易所

Solana：高效的新贵

Solana 是一个高性能底层公链，它的特点就是快。它创立于 2017 年，总部位于瑞士日内瓦，主要的三位创始人阿纳托利·雅科文科（Anatoly Yakovenko）、格雷格·菲茨杰拉德（Greg Fitzgerald）和斯蒂芬·阿克里奇（Stephen Akridge）都曾就职于高通。Solana 团队大多是前高通的工程师，是非常硬核的一个团队。

分布式网络最重要的问题是时间的同步。节点无法依赖第三方系统，如原子时钟。为了防止用户一笔交易被记录两次，网络需要可靠的系统来给交易排序。比特币协议的支撑机制是 PoW，它通过蛮力解决了这一问题，每次只让算力最强的一个节点记录交易。这个解决方案虽然具有里程碑式的意义，但其速度慢且笨拙。Solana 是世界上第一个为大型互联网规模而构建的区块链，因为它无须重大开销即可解决分布式时间问题，它的理论 TPS 可达 71 万，测试网上实际 TPS 达到 6.5 万。

Solana 为了解决这个问题，在分布式方面做出妥协，采用了 PoH（历史证明）。它是一种持续排序的机制，可以作为 Solana 网络的全球时钟。PoH 创建了一条记录，可以证明事件在某个特定时刻发生。其他区块链的网络要求参与者进行通信以确认时间的流逝，而每个 Solana 节点则通过在一系列连续事件中编码时间的流逝来维护自己的时钟。

公链	每秒交易量	每笔交易平均费用	交易延迟时间	验证节点数
Ethereum 1.0	15	$15	12 秒	11,000+
BSC	160	$0.325	3 秒	21
Solana	65,000	$0.0015	0.4 秒	1000+
Avalanche	5000+	<$0.01	3 秒	650+

Solana 生态

DeFi

- Orca：去中心化交易所
- Saber：自动做市商
- Solend：借贷协议

NFT

- Magic Eden：中心化 NFT 交易所

DAO

- Grapes：在 Solana 链上构建 DAO 社区的协议

Avalanche：后起之秀

雪崩链（Avalanche）是于 2020 年正式上线的新型的区块链，特点是全新的共识机制。雪崩链是一个为 DeFi 设计的公链。它具有企业级协作性和高度可扩展性的特点。

雪崩链的机制是，在既有的数百个甚至更多的节点当中，以快速多次抽样的方式获得多次验证结果，只要某一结果多次在验证节点中出现超过半数，就可以确认其交易或信息的正确性。这种验证方式相比中本聪的 PoW 更为快速，较拜占庭共识机制（BFTs）更为稳妥，相比权益证明（PoS）亦更为安全。

整个机制就像雪崩一样，启动后验证节点如雪球般愈积愈多，因此被称为雪崩机制。雪崩链的区块链扩容性很高，不用受限于单一的线性链。也正是由于这个机制，雪崩链的处理速度也相当快，大约是比特币处理速度的 600 倍。

雪崩链的主网由三条区块链组成，分别是 X 链、P 链与 C 链。三条链各有各的功能，而且彼此之间能跨链转换，能够让使用者更方便利用资产。

X 链：又叫作交易链，主要负责资产的建立与交易。大部分的使用者在转移资产或是交易资产时都是使用这条链，也是交易所支持 Avax 代币提领及转出的一条链。

P 链：负责储存链上的数据、资料以及验证工作，又称平台链或是治理链。

C 链：又可以称为合约链，负责智能合约相关功能。这条链兼容 EVM，所以能够跟大部分的智能合约做互动，也能够添加于 Metamask 上。

在雪崩链的共识机制下，全部节点并行工作，随机检查其他验证者的交易和确认信息。

Avalanche 生态

DeFi

- Pangolin：去中心化交易所

NFT

- Kalao：中心化 NFT 交易所

跨链桥

随着区块链的发展，在目前，已经进入了一个多链并存的市场架构，并逐渐形成了以以太坊为核心，其他公链众星拱月的局面。从 2021 年 4 月开始，以太坊的跨链活动急剧增加。以太坊桥的每日存款活动数量在 2021 年夏季达到峰值。因以太坊底层架构的问题，亟须扩容来提高速度，这时跨链桥和跨链应用就出来了。跨链桥是一个比较新的概念，这个概念在 2021 年起才开始流行，并且一出现就得到了广泛的关注。

跨链桥是一种链与链连接的桥梁工具，允许将加密资产从一条链转移到另一条链。两条链可以有不同的协议、规则和治理模型，而桥提供了一种相互通信和兼容的方式来安全地在双方进行互操作。用户可以使用跨链桥，快速轻松地实现加密资产交易。

大多数跨链桥设计包括以下组成部分：Oracle 或 Validator——负责监控源链的状态。中继器——一旦监控角色接收到事件，就将信息从源链传输到目标链。共识机制——在某些模式中，监控源链的参与者需要达成共识，才能将信息传递给目标链。共识机制旨在实现这一目标。签名——要求参与者以加密方式对发送到目标链的信息进行签名，既可以单独完成，也可以作为多重签名的一部分完成。

在抽象层面上，人们可以将“桥”定义为在两个或多个区块链之间传输信息的系统。在此处的“信息”可以指资产、合约调用、身份证明或状态。

举个转移跨链资产的例子：当用户想通过 O3 Swap 将以太坊上的 ERC-20A 通证转换为 BSC 链上的 BEP-20A 通证时，ERC-20A 将被锁定在源链上，并通知网桥在 BSC 链上生成 BEP-20A，然后将其转移给用户。

跨链桥可以分为由某个公链提供的官方跨链桥和第三方跨链桥。

从整体上看，第三方跨链桥比官方跨链桥更快，而官方跨链桥更安全。比如对于以太坊 L2 的 Optimistic Rollup 的两种算法 Arbitrum 和 Optimism 而言，在不使用第三方跨链桥的情况下，用户想要将 Arbitrum 上的 ETH 转移到 Optimism，首先需要将

Arbitrum 上的 ETH 转移到以太坊主网；然后他们需要等待 7 天，才能将接收到的 ETH 转移到 Optimism 桥；这样既昂贵又耗时。事实上，这个特定的场景就是为什么要实现一组桥接来在 L1 和 L2 之间提供跨链服务的原因。

而第三方跨链桥就不需要经过主网。Hop Protocol 是第三方跨链桥的早期项目。作为一个 Rollup-to-Rollup 的资产跨链桥，Hop Protocol 于 2021 年 1 月创建。在使用 Hop 的解决方案时，必须通过 Hop 将资产转移到 L2 网络中。而通过 Hop 进入 L2 的 ETH 将成为 Hop ETH（hETH，一种与 ETH 完全等价的通证，可以通过 Hop 兑换）。Hop Protocol 其实就是将用户的通证转换为 hToken，再使用 Hop 跨链桥将 hToken 从 Rollup 1（如 Arbitrum）传输到 Rollup 2（如 Optimism）。

加密艺术

随着人们对智能合约的探索越发深入，智能合约也被越来越多地应用到了其他非金融领域，如文化艺术。

加密艺术诞生自一个名为彩色币（Colored Coin）的想法。2012 年 3 月底，一篇名为《比特币 2.X（又名彩色比特币）——初始设定》的文章开始在加密圈传播开。文章中阐述了关于在比特币网络上创建新通证的设想：通过在比特币上做标记，且这些被标记的比特币能被追踪到，那么即可实现非同质化的作用。而这正是加密艺术的核心特点：唯一性。

艺术品只有在稀缺的情况下才有价值。绘画和雕塑本质上是稀缺的。照片、蚀刻版画或石版画通常可带上艺术家签名，成为限量版。但数字文件可以无限复制，远不可能成为稀缺品——这是在区块链发明之前的情况。区块链的诞生旨在保证数字货币的稀缺性，省去中心化机构的流程。区块链上的通证也可以代表艺术品。

加密艺术的现象级产品出现在 2021 年，这一年也被称为 NFT 元年。这一年相继出现了“NBA 精彩集锦”“无聊猿”文字 NFT“Loot”等出乎人们意料的加密艺术系列作品。

近年来，基于中国传统文化价值体系的数字内容在互联网平台喷薄而出，它们以舞台剧、音乐、影视作品、文创产品、艺术品收藏等多元的形式存在着，既彰显了文化自信，本身也蕴藏着巨大的商业价值。而这些以数字化形式创作或发布的作品，例如《千里江山图》里一件仿古版的宋代青绿色水袖常服、一曲新编钢琴版《敦煌》、一套莫高窟佛像盲盒、一枚欧莱雅与故宫联名定制的琥珀橘口红、一尊私人收藏的康熙年间蔡襄造桥神仙人物故事青花瓷笔筒、一架像素级复刻版的青铜曾侯乙编钟……它们都可以是区块链网络上的通证，并通过发行非同质化资产权益（NFR）的方式，向公众出售其数字版内容。这些作品的原始版权通过联盟链得到了确认，作为交易的基础。其他的数字内容也可以化身为通证进行 NFR 发行。

我们是不是已经对腾讯音乐和网易云音乐关于某一张音乐专辑的版权战感到厌倦了？如果音乐作品从一开始的版权就能通过区块链追溯，再以 NFR 的方式发行呢？如果小说的出版和影视剧改编可以全程“上链”确定版权归属，再以智能合约自动执行版权分成和作品发行的话，数字内容的创作和发行将成为一件成本更低、交易更方便和各方收益更大的事，而这正是数字内容繁荣的基础。普通的用户也可以用购买 NFR 的方式消费新的内容——当然，它会挑战当前视频网站的会员模式，毕竟你不会再为了一部剧购买一整年的网站会员了。

随着区块链技术不断出圈，区块链与传统互联网、与现实世界的距离越来越近。Web 互联网和区块链这两条发展线走向合并，形成了现在的早期 Web 3.0 世界。

03

第三章

Web 3.0 与元宇宙

Web 3.0、区块链、元宇宙这三个概念经常交织出现，让人们产生了一定的疑惑。

这三个概念中，区块链是最早出现的。2008 年区块链正式诞生，它的出现比现在公认出现于 2005 年的 Web 2.0 没有晚太多。区块链是为了解决中心化服务器存在的问题而诞生的。

在区块链刚诞生的时候，人们并没有意识到这个移动互联网的接班人已经在身边出现。第一代 iPhone 是 2007 年年中发布的，区块链诞生时，移动互联网还没有一个非常广泛的接受群体。因此，区块链的应用场景并没有为移动互联网特别设计，它的技术构建和运行机制没有特别考虑到移动端。

Web 2.0 的主题是“大智云移”——大数据、智能化、云计算、移动互联网。中国的互联网在 Web 2.0 时代先后经历了电商、O2O、互联网金融、人工智能等浪潮。互联网从业者的注意力都放在了如何通过大数据更精准地分析用户偏好、推送产品和服务、获取更大的流量这些问题上。互联网的发展路径似乎就要朝着万物互联，一切皆可数字化的方向一马平川了。

然而，在 Web 2.0 发展了十多年后，用户们猛然发现，自己养出来的互联网巨头们变得与自己对立了。这些中心化的巨头掌握了大量的用户数据后，既能用来为善，也能用来作恶。用户们在这些互联网巨头搭建的生态上的资产完全不受自己掌控。巨头们在用户协议中埋下各种条文，最终结果就是解释权都在巨头手中。用户们屡屡被大数据杀熟，账号被莫名其妙没收、封禁。

Web 2.0 这十多年的发展一直沿用的是将用户抓过来、养肥了、再割韭菜的 AARRR（Acquisition 获客，Activation 激活，Retention 留存，Referral 转推荐，Revenue 变现）互联网平台运营模式。在这种模式下，用户就像是动物一样，从始至终都是以 S-R（Stimulus 刺激，React 反应）的行为模式被对待。用户是平台的资产，而不是平台的主人。因此，Web 2.0 的用户被称为流量。

随着用户的觉醒，这一套模式已经走到了尽头。如果用户无法真正拥有自己在平台产生的资产，分享自己所产生的价值，他们就不会像员工一样为平台做出更多贡献。区块链的到来为 Web 2.0 带来了新的生机，将 Web 2.0 升级成为 Web 3.0。

对 Web 2.0 时代的企业而言，IPO 是最终归宿，在 IPO 那荣光时刻来临之际，企业必须已经达到一个非常大的量级，成为行业龙头。所谓盈亏同源，Web 2.0 的企业盈利与用户无关，IPO 或中途并购、退出都是 VC 的战场，亏损当然也与用户无关。

Web 2.0 企业的模式是管理团队做，用户用。Web 3.0 时代的企业替代物——DAO 的所有者是社区，社区成员的每一个人都是 DAO 的既得利益者。由于 Web 3.0 的 IEO（Initial Exchange Offering）门槛比 IPO 低，不需要中心化审核，IEO 在真正意义上完成了 IPO 最初想要达成的任务——获取更大的流动性。之所以叫作 Initial Exchange Offering 而非 Initial Public Offering，是因为 Web 3.0 社区的通证在没有上交易所之前，就是公开的、去中心化的、通常也有广泛的持有人基础，而且也是可以通过区块链交易的。

有了区块链技术的加持，在 Web 3.0 的生态中，用户和员工的地位差被无限拉平靠近，生产关系得到了改革。用户通过购买产品的通证使用产品提供的服务，同时产品通证又是产品收益分配的凭证。所以，用户在使用产品的时候就已经成为产品的所有者群体（产品社群）的一分子。那么怎么理解用户只是使用产品就能够成为 DAO 的所有者呢?

虽然用户只是使用产品，但是使用产品本身就完成了 2 个工作——产品测试和宣发推广。Web 2.0 企业的成本大头也是在宣发推广，获取流量，所以说给推广者（使用者）分配收益并没有违背经济学原理。

风险与收益是并存的，如果产品失败，产品社群的财富自然也随之清零。但是由于 Web 3.0 的产品社群并不同于 Web 2.0 的产品开发团队，这里的产品社群本身即是用户。而用户又是一个产品成功与否的最终发言人（用户即上帝），只要用户群体不想让一个产品失败，这个产品的失败的概率就会小很多。

用户与产品利益绑定在一起，对存量产品的黏性会更高，Web 3.0 的 DAO 会成为比 Web 2.0 企业更加稳固地存在。也因此，Web 3.0 的跑马圈地会比 Web 2.0 更加惨烈且急迫。

提到元宇宙，你会想到什么？是不是脑机接口、虚拟现实、数字人凭空出现？是不是虚拟世界与现实世界的完美结合？

元宇宙给人们的印象更多集中在交互体验上。我们在谈论元宇宙的时候，往往更关注虚拟现实技术、人工智能、物联网这些更偏向于表现层和应用层的技术。这是因为元宇宙概念的演变线索是从互联网传输的信息量和带宽去归纳的。从文字时代到图片时代，再到视频时代，走向感官触觉的全面数字化传输。而 Web 3.0 概念的进化线索是从用户与互联网之间的关系去归纳的，从 Web 1.0 单向接受互联网，到 Web 2.0 可以与互联网交互读写，再到 Web 3.0 可以拥有互联网。

然而，真正的元宇宙远不只是体验的升级。元宇宙是一个宏大的概念，要构建这样一个数字世界，只提升体验是不够的。如果只是将 VR/AR 设备装在头上，这样的元宇宙不过是个大型游戏，还远不能成为“宇宙”。从深层次出发，用“有关联”来描述 Web 3.0 和元宇宙之间的关系，显然还不够，它们之间是相辅相成的。从技术角度来看，元宇宙是前端、展示层，Web 3.0 是中后端、技术层，只有技术条件满足 Web 3.0 所需的去中心化的数据库，即分布式数据库，以及配套的加密技术和协议，才有可能实现元宇宙这样宏大的设想。

构建一个能够支持元宇宙承诺的基础设施在技术上是具有挑

战性的。不过，目前 Web 3.0 构建的一些模块可以真正减轻对开放性元宇宙建设的挑战：

- 一个去中心化的身份——元宇宙是一个永不停止的连续体，任何个人都可以自由进入。如果我们想让这个宇宙具有互操作性，我们就不能接受根据你所进入的世界不同而拥有不同的身份。你的身份在不同的环境可能有不同的特征，但你的核心身份不应该被改变。此外，为了使数字资产在整个元宇宙中具有互操作性，它们应该与你自己的身份联系在一起，这意味着它们应该是独一无二的。
- 去中心化存储——为了使元宇宙具有互操作性、开放性，并且没有受到停机或系统负载的影响，它需要依靠去中心化的基础设施。元宇宙的所有内容、数字资产都需要托管在某个地方。一旦元宇宙开始成为现实，像 Filecoin 或 IPFS 这样的去中心化存储平台肯定会蓬勃发展，因为设备的存储需求将会上升到成为必需。
- NFT——NFT 可以将现实世界与元宇宙的每一个物品一一对应。
- DAO——元宇宙既是一场技术革命，也是一场社会革命，而 DAO 作为社区的操作系统，将是元宇宙的关键。DAO 提供了一个技术层，提供个人之间的全球性和去中心化的协作，而无须信任第三方或少数代表。

作为“宇宙”这样的宏大的概念，元宇宙并不能用一种技术、一个产业概括，它是一个庞大的社会经济系统。要让人们在元宇宙中像现实世界一样生存，我们需要解决的一个非常重要的问题，那就是宇宙的真实性。这个真实性包括最底层的物理真实性，还有人作为社会动物的关系真实性。

虚拟现实能解决物理真实性，而 Web 3.0 要解决的是社会关系的真实性。在 Web 2.0 的游戏中，每个游戏有一个服务器，服务器就是这个游戏的上帝，它掌管着这个世界的存亡，还有其中物资的分配、产出、经济运行。

早期人类需要组成部落与野兽或其他部落抢夺食物。Web 3.0 经由智能合约上的通证产生条件限制了物质产生的上限和生成机制，形成了合乎现实世界法则的元宇宙物质稀缺性。而且这种稀缺性不是由某个中心化服务器掌握的，因此也比 Web 2.0 具有更强的稳定性。人们不用担心形成的社会关系会因某个突发事件而崩塌，甚至导致整个元宇宙的灭亡，例如在电影《失控玩家》中反派摧毁服务器桥段。

之所以字节跳动等大厂和互联网知名人士都认为元宇宙是一个超前的概念，主要是因为其本身就建立在多重计算机技术与网络服务之上，是一套极其复杂的生态技术系统，在短时间内并不可能实现，而目前最接近元宇宙的则是 Web 3.0。根据知名研究机构 Constellation 的一份报告显示，Web 3.0 属于元宇宙内部经济中最底层的架构，它具备分散的访问控制和自主权。就以上阐述的 Web 3.0 特征而言，Web 3.0 事实上也符合人们目前对于元宇宙世界的基本幻想。即低延迟（网速）、多元化（AI 加持）、无准入限制（多终端）、可创造性（PGC+UGC）等。

早前，中国权威区块链专家于佳宁曾表示，之所以互联网巨头和投资机构积极布局元宇宙，是因为元宇宙是多个关键核心赛道的“集合体”。于佳宁认为，元宇宙并非是单纯的互联网新赛道，而是第三代互联网 Web 3.0 的迭代升级，是在 PC 互联网和移动互联网之上更高维度的数字化新空间。

比起激进的资本构建的元宇宙虚拟世界，更切实际、拥有具体表现形式的 Web 3.0 似乎才是我们更应该加以关注的。随着全球数字化时代的变革，Web 3.0 将迸发出更多的生机，而一切不符合时代发展的要素必将被“革命”。正如硅谷的传奇人物，引领了互联网“开源运动”和“Web 2.0”浪潮的蒂姆·奥莱利在书中所言：“简单、去中心化的系统比复杂、中心化的系统更容易孕育新的可能性，因为它们能够更快地进化。在简单规则的大框架内，每个去中心化的组件都能找到自己的适应度函数。表现更优的那些组件得以繁衍和扩散，而表现不好的那些则会被淘汰。”不过值得一提的是，Web 3.0 的分布式要素虽然使用户和机器能够通过点对点网络的基础数据进行交互，而无须第三方，在提升隐私保护的同时，还大大降低了互联网巨头的垄断。然而，在互联网巨头地盘上切蛋糕，Web 3.0 的推动真的会这么顺利吗？就目前来看，这一点还有待进一步观察。就像 Web 1.0 过渡到 Web 2.0 时代一样，Web 3.0 时代其实已在悄然进行中，只是对于这些微妙的生活变化，大家并未第一时间联想到这就是第三代互联网。而元宇宙的萌芽，也正在 Web 3.0 的推动中慢慢孕育着。

区块链是支撑 Web 3.0 发展的底层技术，而 Web 3.0 的去中心化和确权特性是元宇宙的基础建设。Web 3.0 的实现必然早于真正元宇宙的实现，这是元宇宙之所以能成为宇宙的前提条件。如果把 Web 3.0 比作是我们通往终将到达的元宇宙的路上一个重要的基石，我们觉得也并不为过。目前，元宇宙还处于想象阶段，而 Web 3.0 的发展已经迅速接踵而至。在接下来的章节中，笔者将一一介绍目前 Web 3.0 主要几个领域的发展情况。

Web 漫游指南 3.0

第二篇

走进 Web 3.0

本篇为您讲述 Web 3.0 当前的几个主要应用领域和重点知识。第四章到第七章深入介绍去中心化App——DApps，去中心化社区——DAO，去中心化金融——DeFi，非同质化通证——NFT 等 Web 3.0 应用所解决的问题，并列举讲解了各类应用的明星项目。第八章提炼出所有 Web 3.0 应用的共同点，也是驱动 Web 3.0 应用兴旺发展，使 Web 3.0 应用区别于 Web 2.0 应用的核心因素——通证经济学。

04

第四章

Web 3.0 的物理构建

DApps：Web 3.0 的砖瓦

DApps 是建立在区块链上的应用，全称 Decentralized Applications。区块链有五层架构（也有一种划分方式，将协议层从应用层中独立出来，分为六层架构），DApps 属于其中的最上层——应用层。应用层以外的其他几层就像冰山淹没在海里的那部分，虽不为人所见，但它们是应用层坚实的基础设施。Web 3.0 是构建在区块链上的数字世界，而 DApps 就是用来构建这个世界中我们看得见摸得着的那部分的“砖瓦”。

DApps 这个概念的出现甚至比 Web 3.0 还要早。2013 年 12 月大卫·约翰逊（David Johnson）在《去中心化应用的一般理论》(*The General Theory of Decentralized Applications*，*DApps*）一文中提出了 DApps 的概念。根据他的定义，一个应用要成为去中心化应用，需要满足以下标准：

（1）必须完全开源，自动运行，且没有一个实体控制着它的大多数通证。它的数据和记录必须加密后存储在一个公链上。

（2）必须依据一个标准化算法或一系列准则来生产通证，并且应该在开始运营的时候就将它的部分或全部通证发放给使用者。这个应用必须依赖该通证来运行，而且使用者所作出的贡献应该以该通证作为奖励。

（3）可以因时制宜地更改它的运行法则，但是这些改变应该被大多数用户所认可，而不是将最终解释权归于某个实体。

虽然大卫将通证作为定义 DApps 的一个关键要素有一定的时代局限性和利益倾向，但是从现在的 DApps 发展来看，大多数应用确实遵循了以上标准。DApps 成了 Web 3.0 应用的通用名称。人们选择向去中心化发展，必然不是为了去中心化而去中心化。去中心化对于使用者的重要性主要在于能够解决这些问题：

数据所有权问题

用户数据是归属于平台还是归属于个人，这是在 Web 2.0 时代一直没有解决的问题。虽然用户主观认为自己的信息和数据资产应该属于自己，但是平台在注册时的条款中早已埋好了一切。

假如你是一个资深的游戏玩家，你氪金无数且在服务器里名列前茅。有一天你不想继续玩了，你想把装备和账号卖掉金盆洗手。当你把出售信息挂出去的时候，你和挂信息的平台都收到了律师函，理由是你对自己的账号只有使用权，没有所有权，你把别人的东西挂出去卖了。你说，那不卖了吧，留着当纪念。过了几年，你再登陆，发现账号里的几个极品装备被清空了。你联系客服，客服再问运营，运营再问开发，回答是某次清理废弃账号的时候不小心清掉了，马上帮你恢复。你虚惊一场，但是你花钱得到的装备，它的命运依然掌握在平台手中。

在 DApps 中，账号不依赖于平台而存在，你带着你的钱包穿梭于各个平台。一切资产都属于你自己的钱包，你得到的就没有人能再夺走。

平台信任问题

假设你是一个短视频创作者，你花费大量时间精力运营了一个拥有百万粉丝的大号。但是有一天你不想继续做短视频了，要把这个资产转交别人继续打理。你将手机号换成了接收方的手机号。当你登录的时候，平台把这个账号永久封禁了，理由是违反社区规则。你把社区规则都看了一遍，没有发现哪一条跟你的行为有关。于是你求助客服，客服来来回回只有几句车轱辘话，让你气不打一处来。

在 DApps 中，每个 App 账号的行为记录都是公开透明的，账号与 App 以及与其他账号的交互也是公开透明的。社区的规则是在 App 上线时就记录在链上的，不需要由平台给出黑箱解释。

收益分配问题

假设你是一个大厂员工，你跟着团队一起开发出了一个月活百万的 App。有一天你想退隐山林，把手上老板给的期权变现以后回老家去。但是老板说，期权要等上市解禁以后才能变现，然而上市还不知道什么时候，如果你现在走了，公司只能按 1 块钱

1 股回购你的期权，你只好跟着公司继续又干了几年。可是市场行情不好，公司为了上市选择了合股，你手上的期权 10 股合 1，上市的时候手上的股票只有最初的 1/10 了。而你人近中年，在大城市漂着，钱却又没赚到。

在 DApps 中，每个贡献者都会得到相应的通证奖励。通证从项目上线即可开始流通，随时你都可以变现走人，不需要看老板脸色。

DApps 分类

现在还处于 Web 3.0 发展的早期，DApps 的应用场景还没有十分完善。大量的 DApps 是近几年才出现的。现在仍存在的 DApps，许多是在 2018 年行业熊市期间出现的。究其原因，熊市是淘沙的大浪，经过熊市的洗礼才能筛选出真正有价值的项目和踏实肯干的团队。

根据其应用场景，目前的热门 DApps 有以下几个大类：

基础设施

区块链的基础架构可以分为五层，包括硬件层，数据层、网络层、共识层、应用层（有些说法还会从应用层中拆分出协议层）。DApps 大多数属于应用层。作为一类相对特殊的 DApps，基础设施类 DApps 的作用是为 DApps 世界与其他四层的交互建立连接。因此基础设施类的 DApps 通常以“协议”的形式存在。

区块链的架构并不是本书的重点，但是为了知识体系的完整性，便于读者理解基础设施类 DApps 可以怎样与其他四层交互，这里简要地描述一下其他四层的功能。

- 区块链是由一个点对点（Peer-to-Peer）的计算机网络共同进行运算，验证和记录交易的。硬件层（Hardware Layer）就是这些计算机。
- 数据层（Data Layer）我们可以理解成数据库，主要可实现两大功能：数据存储、账户和交易的安全。
- 网络层（Network Layer）实现三大功能：节点间组网，数据传播，数据验证。
- 共识层（Consensus Layer）主要通过共识算法和共识机制实现一个重要功能：节点间的计算达成共识。由于区块链是分布式网络，每个节点均可计算，所以需要共识层做个统筹，让所有节点针对区块数据的有效性达成共识。
- 应用层（Application Layer）是最上面一层，有些说法还会在其中将协议层（Protocol Layer）单独分为一层。原因是 DApps 有“胖协议，瘦应用”的说法。这是相对于 Web 2.0 Apps 的“瘦协议，胖应用”提出的。所谓“胖协议”，举个例子，在 Web 2.0 中，数据的安全依靠数据安全公司、杀毒软件、防火墙等应用实现，协议层只负责数据传输；而在 Web 3.0 中，传输协议本身就保障了数据安全，因此各种数据安全应用、杀毒软件、防火墙应用没有了独立存在的空间。智能合约就是这样的一种协议。

Web 2.0 的“胖应用”公司是“自私”的公司，它需要形成自己的生态，将自己创造的价值圈在自己的生态中变现。Web 3.0 的“胖协议”公司是“利他”的公司，它将自己创造的价值埋在协议中让所有人使用。当然这并不意味着投资它们不能盈利，这涉及通证经济的运用，具体内容放在第八章讲解。

大多数基础设施类的 DApps 离普通 C 端用户有些遥远，笔者举几个例子让读者能更清楚这些 DApps 的应用。

Web3Graph

https://web3graph.io/

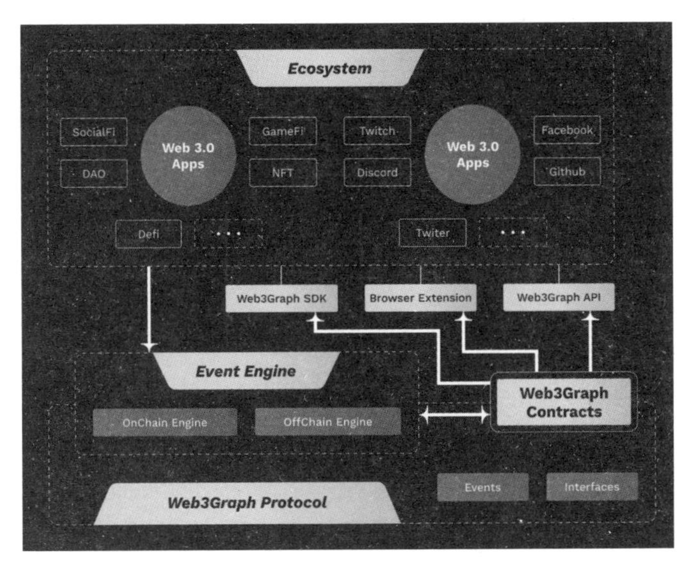

Web3Graph 生态图

Web3Graph 作为 Web 3.0 时代的数据图谱协议，专注于为 Web 3.0 上的原住民提供图谱信息，为 Web 3.0 的各类角色提供快速、准确的信息交流和呈现方式。它贯穿于数据层至应用层，采用协议价值循环发现的通证经济模型，构建强大的开放的数据生态系统。

在数据层，Web3Graph 吸取了 Open Graph 的成功之处，引入了 meta 等关键性的概念和做法，同时引入了二分图（Bipartite Graph）的底层数据结构。Web3Graph 的底层数据结构能够表达所有 Open Graph 可以表达的行为和关系，从这个意义上讲，Web3Graph 是 Open Graph 的超集，在数据的表达便捷性和完备性以及数据的存储方便性上有关键突破。

Web3Graph 作为关键的图谱协议项目，其为开发者提供完善的 API、SDK、Studio、Extension 等产品，使得开发者能够直接集成 Web3Graph Protocol 来建立他们自己项目的功能，同时获得现有 Web 3.0 应用在 Web3Graph 上所产生的事件和关系等图谱内容来快速启动自己的应用。它同时还为 DApps 设定了统一、开放、安全的数据规范，为 GameFi、DeFi、SocialFi、DAO、NFT 等项目提供数据基础。

为了生态的长期发展，Web3Graph 还设计了有效的经济模型。在这个系统里，贡献者和使用者并不是割裂的，DApps 的开发者既可以使用 Web3Graph Protocol 去开发应用，从而获得相对应的激励，同时这些开发者也可以使用各类数据去做分析。

作为开放式的项目，Web3Graph 并没有介入过多的数据开发，而是保持开放性的生态，去容纳更多的基于基础数据的开发者。例如，开发者可以基于提供的数据对用户的信用进行评分，他们作为基础数据的使用者，会为平台数据付费。其他的开发者和机构会使用他们提供的数据，并为他们提供的服务付费。从这个角度来看，这将会形成层次丰富的数据使用生态。协议的价值在数据的使用和流通中得以实现。

从广大用户的角度来看，Web3Graph 将数据的所有权又一次交给了用户自己。一方面，用户向 Web3Graph 提供链上的地址以及 Web 2.0 Apps 的数据，从而给平台提供数据并完善其作为行为人的完整用户数据；另外一方面，用户因为提供了数据，在现实世界中可以获得基于身份和行为同等的权益。例如，借贷的便利、声誉的积累、个人数据的确权及使用、游戏身份的认证等。

ENS（Ethereum Name Service，以太坊域名系统）

https://app.ens.domains/

ENS 主界面

ENS 是一个基于以太坊区块链的分布式、开放和可扩展的命名系统。它的工作是将可读的域名解析为计算机可以识别的标识符，如以太坊地址、内容的散列、元数据等，或将以上内容解析为 ENS 域名。比如以太坊创始人维塔利克所拥有的域名疑似为“vitalik.eth”，该域名的解析结果为 0xd8da6bf26964af9d7eed9e03e53415d37aa96045。当你需要向这个以太坊地址转账时，采用上面的 ENS 域名或是下面的以太坊地址都可以，全网通认。利用 Etherscan（详见下页），你也可以输入“vitalik.eth”查询一下维塔利克有什么动向，这些交易数据都是公开透明的。

ENS 的目标与 DNS（互联网域名服务）类似，ENS 也是一个有层次结构的域名系统，不同层次域名之间以点作为分隔符，我们把层次的名称叫作域，一个域的所有者能够完全控制其子域。

顶级域名（比如“.eth”和“.test”）的所有者是一种名为“注册中心”（Registrar）的智能合约，该合约内指定了控制子域名分配的规则。任何人都可以按照这些合约规定的规则，获得一个域名的所有权并为自己所用。不论一个人拥有哪个级别的域名，都可以根据需要为自己或他人配置子域名。

拥有一个自己的域名并不是必需的，但是就像拥有一个好记上口的互联网域名一样，也许将来会是身份的象征。ENS 的域名是先到先得的，想拥有一个独特的代表自己的域名就赶快去看看吧。

Etherscan（以太坊浏览器）

https://etherscan.io/

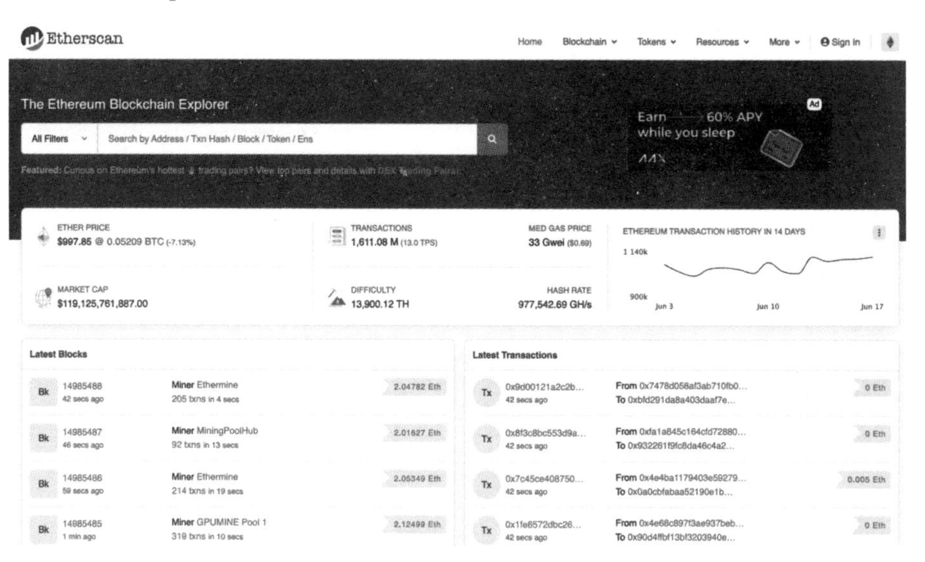

Etherscan 首页

Etherscan 是以太坊最为可靠且热门的区块链浏览器。它有两个主要功能：交易信息查询、智能合约查询。这是个非常实用的浏览器，可以分析最底层的以太坊链上数据。下面详细讲一下它的用法：

交易信息查询

在 Etherscan 首页的搜索框中输入想要查询的地址，比如 0xd8da6bf26964af9d7eed9e03e53415d37aa96045（对应的 ENS 是 vitalik.eth），即可出现下图中的该地址所有链上交易记录。左上角方块里的是该地址持有的 ETH 总数及市值，下方展示交易记录概览，从左到右分别是：交易编号、交易类型、区块编号、交易时间、发起方、接收方、交易金额、交易费。

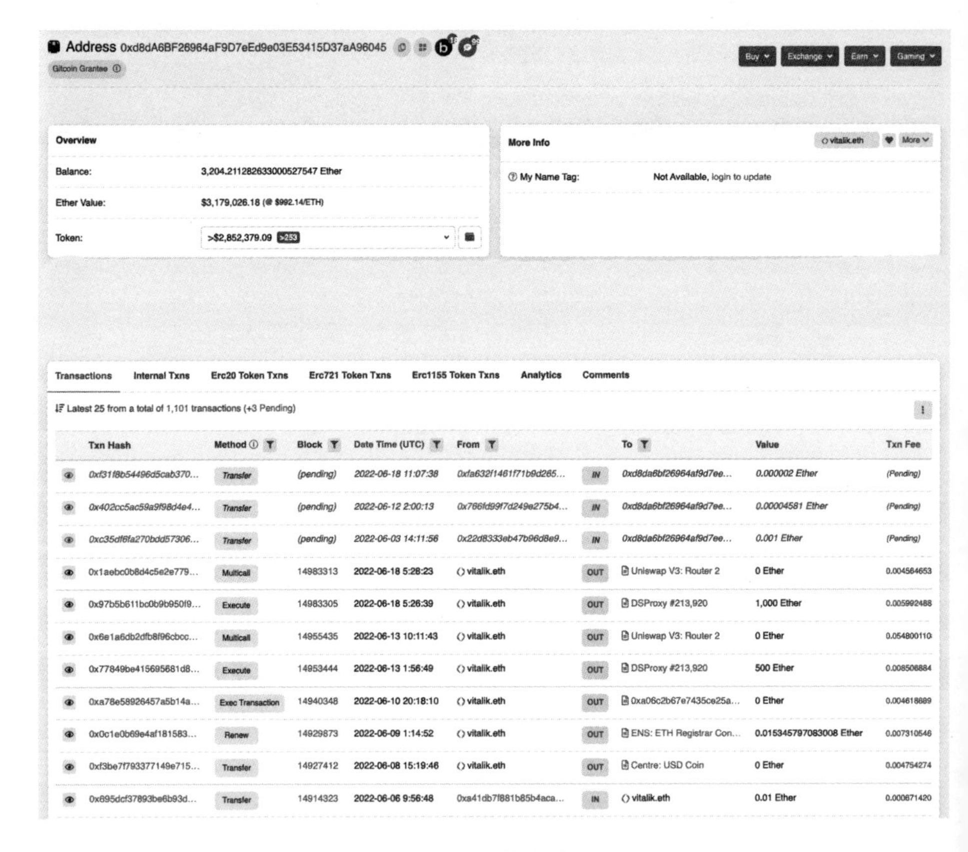

Etherscan 搜索结果

点击搜索结果中任意一条交易概览，即可进入交易详情。正常成功的交易会像上页图中展示的一样。失败的交易会在交易编号前面出现红色感叹号。

在交易详情中看到“Reverted”表示交易被退回了，这种情况是发起方已经支付了交易费，但由于技术问题导致交易失败。遇到这种情况，需要与交易对手共同解决。

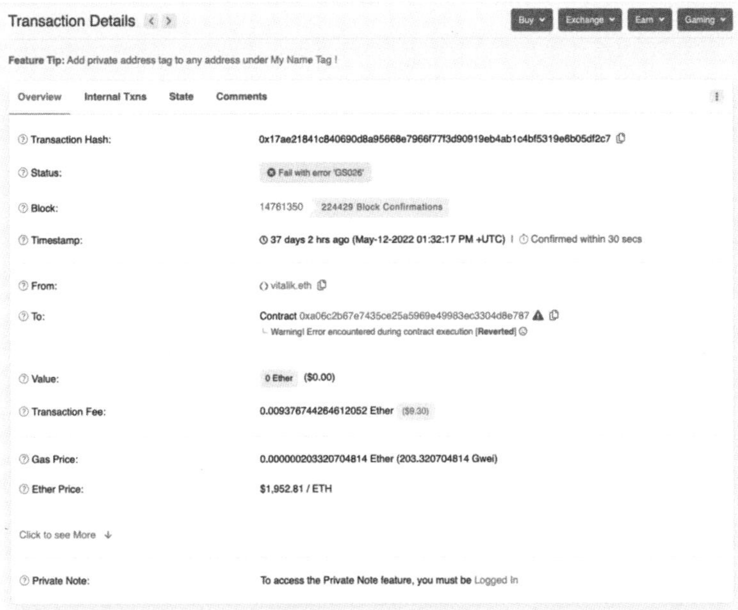

Etherscan 交易详情页面 1

另外一种常见的失败交易会显示“Out of Gas”表示交易费不足。以太坊在发起交易时，会从发起方的钱包里额外扣除交易费用。这个交易费用并不是固定的，而是由发起方设定一个支付上限和交易执行速度，以太坊网络根据当前网络拥堵情况自动从发起方钱包中扣除。一些钱包会给出预估的交易费用并设置上限，也允许用户手动设置上限。如果用户设置的上限太低，导致达到上限了交易还没有完成，就会出现“Out of Gas”。这就好比你给一辆车加了油，但是没加够，于是他跑到一半就停了。

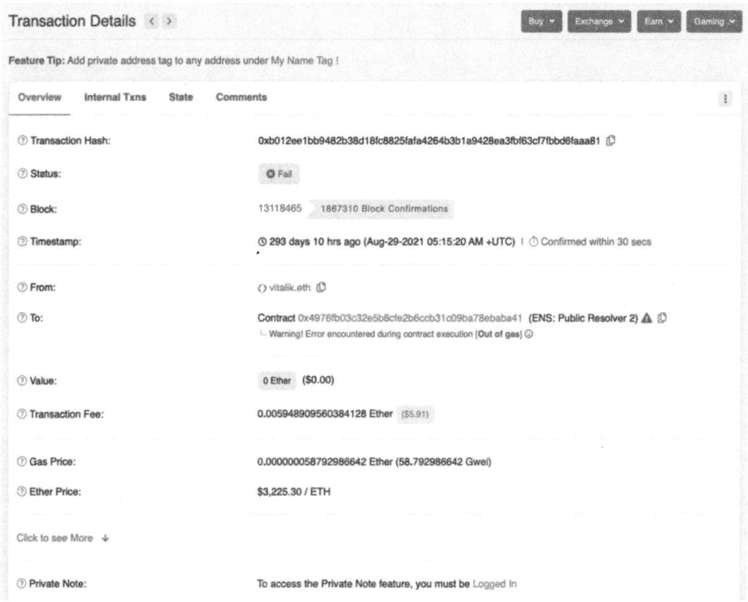

Etherscan 交易详情页面 2

IPFS（Inter Planetary File System）

https://ipfs.io/

IPFS 是一种基于内容寻址、版本化、点对点的超媒体传输协议，集合了 P2P 网络技术、BitTorrent 传输技术、Git 版本控制、自证明文件系统等技术，对标 HTTP 的新一代通信协议。它常被用于存储 NFT 的源文件，比如著名的无聊猿系列 NFT。

IPFS 从根本上改变了用户搜索的方式。我们通过 HTTP 浏览器搜索文件的时候，首先找到服务器位置，然后使用路径名称在服务器上查找文件，但是通过 IPFS，用户可以直接搜索内容。IPFS 网络里的文件，会被赋予一个哈希值，这个哈希值类似于我们的身份证号，他是独一无二的，它是从文件内容中被计算出来的。

当用户向 IPFS 分布式网络询问哈希的时候，它通过使用一个分布式哈希值表，可以快速找到拥有数据的节点，从而检索到该数据。简单来讲，就是以前我们是通过跳转多层网站才能找到一个文件，但是在 IPFS 上存储的文件，我们只需查询它的哈希值，便能快速找到。

IPFS 对于一些大文件会自动将其切割为一些小块，使 IPFS 节点可以从数百台服务器上进行同步下载。所以，只要所存储的节点通电且网络正常，那么这个访问速度就可以非常快。

Storj

https://www.storj.io/

Storj 是 Web 3.0 常用的一个分布式云存储工具。用户可以在 Storj 平台上使用其平台通证 STORJ 购买存储服务，也可以提供闲置的存储空间并获得 STORJ 通证回报。

Storj 的存储原理是在用户通过客户端存储数据时，对其数据加密并分解成多个碎片。这些碎片通过网络分发给节点。与此同时，客户端会生成如何查找数据位置的信息。在用户检索数据时，客户端将读取以上信息识别先前存储的块的位置，然后检索这些碎片，并在客户的本地机器上重新组装原始数据。

在 Storj 生态中主要有三类角色：用户端、节点和卫星。卫星是一个服务器集群，连接着用户端和节点。当用户端需要上传文件时，卫星便会帮助用户端寻找上传速度最快的节点，同时记录用户端和节点的支出和收益。同时上传的数据是加密的，只有所有者才有密钥，所以其他人无法解密数据。

Web 3.0 目前还处于早期建设期，因此基础设施类的 DApps 的发展空间还很大。基础设施也是近些年来新增 DApps 最多，DApps 总数最多的领域。

金融借贷

不可否认的是，由于 Web 3.0 起源于比特币，而比特币在早期就成为人们投机的工具。因此目前很多参与者都是抱着投机盈利而进入这个行业的。这也导致了金融借贷类 DApps 凭借高收益成了一个热门领域。2020 年年中出现的“DeFi Summer”，指的就是金融借贷类 DApps 在 2020 年夏季的大量涌现。

笔者认为，金融并不是一个适合完全去中心化的领域。DeFi 的高收益来源于高杠杆和乐观的一致性预期。一旦在熊市中预期转向，就会导致高杠杆自相踩踏，加速泡沫破裂。在极端的市场情况下，去中心化是不能解决流动性问题的。

虽然目前的 DeFi 项目大多没有在 2022 年 5—6 月间的踩踏

行情中交出满意的答卷，但对金融进行部分去中心化的尝试依然在继续，也是值得肯定和关注的。

让我们来看一个典型的 DeFi 项目——Aave Protocol。

Aave

https://aave.com/

Aave 是一个去中心化的借贷系统，用户可以将加密货币存入 Aave 的资产池，成为存款人，赚取存款利息；也可以在存入加密货币作为抵押品后，从资产池借出其他加密货币，成为借款人。存款和借款都是通过协议自动进行，中间不需要第三者或第三方机构。

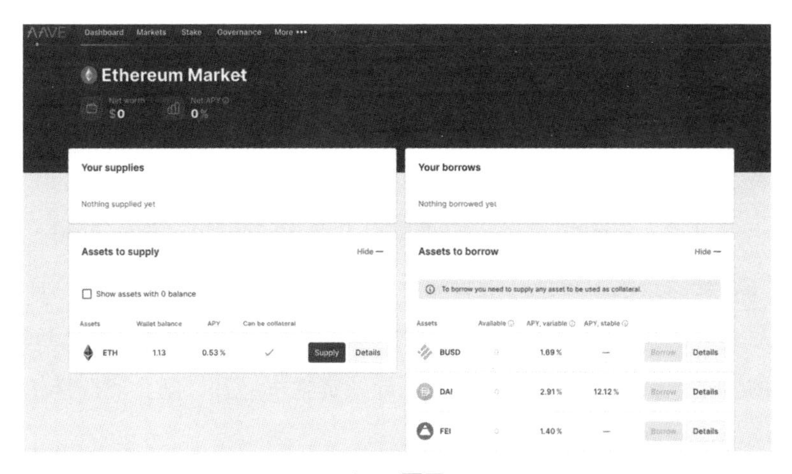

Aave 页面

当存款人将希望存入的加密货币存入 Aave 的资产流动池后，Aave 协议会按照存款额，向存款人发放 aToken 通证作为存款证明。存款人取回资产时，协议则会收回 aToken 并将其销毁：例如存入 ETH，就会获得 aETH；交还 aETH，则可取回 ETH。

aToken 的价值以 1:1 和存入加密货币市价挂钩，而且存款人可以交易和转让 aToken，这样使得即使存款人将资产存入 Aave 资金池，仍然保有一定流动性。而借贷人则需要存入抵押品借出资金。

上图左侧界面的“Supply”按钮即为存款，APY 一列即为对应的资产的存款利率。存入后在右侧界面就会出现可以借出的资产的金额。用户可以选择以浮动利率（Variable APY rate）或固定利率（Stable APY rate）借贷。浮动利率会随市场状况而有所波动，适合短期借贷。固定利率则在整个借贷期间都不会更改。

每款加密货币作为抵押品，各自有不同最高借贷额（Max LTV），例如存入价值 100 美元的加密货币，如果 Max LTV 是 82.50%，就能借出价值 82.5 美元的加密货币。

另外，需要注意借贷的清算临界点（Liquidity Threshold），意思是当贷款超过最高借贷额一定比率，协议就会自动清算抵押品，并且扣取清算罚款。例如用户以 ETH 作为抵押品，但 ETH 的价格下跌，而贷款金额不变，导致贷款率上升，则会使得贷款率超过清算临界点。

Aave 目前获得了英国的电子货币机构牌照。但大多数其他 DeFi 项目还在以比较粗犷原始的方式运营着。

社交

社交类 DApps 领域又被称为 SocialFi。SocialFi 可让用户将自身的社交影响力金融化，通过创建内容、参与社群、NFT 铸造、和其他用户沟通、观看影片等方式赚取收入。相比 Facebook、Youtube 等 Web 2.0 社交网络，SocialFi 的优势是能更公平地分配广告收入，提供更好的用户体验。

SocialFi 是通过 DAO（去中心化自治组织）的运行方式进行维护的。通过 DAO 的治理，SocialFi 能把社交平台的管理权和话语权重新交还给用户，终结算法霸权，形成创作者经济，提供一个更公平的收益分配模型。

Mirror

https://mirror.xyz/

Mirror 是建立在 Arweave（去中心化的数据存储协议）的去中心化内容发布平台。用户在平台发表文章后，会被免费储存到 Arweave 中，可把它铸造成 NFT 转赠或出售，甚至以此发起 NFT 众筹集资。Mirror 为创作者提供了 6 个基础功能，包括发布作品（Entries）、发起众筹（Crowdfunds）、发布 NFT（Editions）、发起竞拍（Auctions）、分享收益（Splits）、发起投票（Token Race）。

发布作品 / 发布 NFT

发布文章时，Mirror 允许作者将文章同时铸造成 NFT 发布。

铸造成 NFT 需要上传一张宽高比为 2:1 的照片，并支付交易费。文章作为一个 NFT 藏品，可供读者收藏，也就是变现。这类文章发布后，在文章上部会出现 NFT 购买界面，用户在此可购买该文章的 NFT。不勾选 NFT 选项无须交易费，也没有变现通道。

文章的 NFT 藏品默认分为 3 个等级，1ETH、0.1ETH、0.01ETH，用户可以按照不同等级购买，类似公众号的打赏，提前设置好了一些预选项。除了发布文章时的 NFT，用户可以在 Editions 中手动创建其他 NFT 藏品，这里支持图片和视频格式，在此创建 NFT 藏品的好处是可以直接嵌入文章中售卖，形成内容创作和数字藏品出售的闭环。

发起众筹

Mirror 允许为项目或创意筹集资金。众筹功能是以智能合约实现通证分配的激励功能。支持者存入 ETH 来资助你的项目以换取项目通证。众筹可以嵌入到 Mirror 上的任何条目中。

发起竞拍

发起竞拍需要先在 Zora、Foundation、Rarible 和 SuperRare 这 4 个平台之一创建 NFT 藏品，或者通过“Custom”自定义合约创建 NFT，然后发起竞拍。发起竞拍时需要设置 NFT 的最低价，只有第一次有人出价高于最低价后竞拍才会开始，每 15 分钟更新一次，如果没有人出更高的价格，竞拍结束。在没人出价前，该竞拍便一直处于待启动状态。发起页面设置的倒计时为从发布开始 xx 小时后，开始竞拍，主要便于作者提前宣传。

分享收益

Mirror 允许创建者将收益分配给不同的贡献者。例如，NFT 销售收益或众筹资金可以在贡献者之间分配。

发起投票

这是一个有门槛的功能。发起和参与投票的需要是 Mirror 的正式会员，而成为正式会员需要获得 Mirror 的官方通证 WRITE。WRITE 通证可以通过活动或现有正式会员投票发放，但发放数量非常少。成为正式会员后即可发起投票，提请其他正式会员对 Mirror 的运营共同投票决策。

游戏

游戏类 DApps 又被称为 GameFi，它是 Web 3.0 在 2021—2022 年度最火爆的领域。层出不穷的 Play-to-Earn 和描绘着元宇宙蓝图的 NFT 系列让 Web 3.0 出圈，推动了又一波牛市。

GameFi 的兴起和 DeFi 及 NFT 有密切关系。项目方在区块链上面开发游戏、打造链游，并且将游戏中的角色、道具做成 NFT 的形式出售。游戏中赚取的道具 NFT 和其他资产也可以在区块链上进行交易，让 GameFi 玩家可以边玩边赚钱，实现 Play-to-Earn 的商业模式，实现 Game+NFT+DeFi 的模式。

由于区块链底层设施仍处于发展中，运算速度和可扩展性存在一定局限，因此目前几乎所有 GameFi 项目的娱乐性和用户体验都不如 Web 2.0 游戏。用户进入 GameFi 的主要原因还是“to-Earn”。这也导致了部分项目只注重售卖道具，而忽视了提升游戏的娱乐性。一个游戏项目要想持续运营，一定是需要对用户产生情绪价值，使得用户愿意为娱乐付费，而不仅仅是为了炒作道具而进入游戏。随着 Unisoft、Konami、EA 等大厂相继试水 NFT，仅为炒作道具而玩的情况正在好转。

Alien Worlds

https://alienworlds.io/

Alien Worlds（异形世界）是由 Dacoco GmbH 公司基于 WAX 公链开发的一款太空探索游戏。游戏一共有 6 个独立星球，每一个星球都是一个星际去中心化自治组织（DAO），玩家可以通过战斗进行星球殖民。在游戏中通过挖矿来赚取游戏通证 Trilium（TLM）。每次挖矿时会有机会挖到 NFT。进入游戏后，玩家会先获得系统自带的免费挖矿工具。此外，玩家还可以报名成为星球理事候选人，当选后，玩家就可以统治这个星球。NFT 游戏卡也会随着时间的推移，不断推出更多不同的玩法，包括通过“闪耀”来升级卡牌以及在格斗游戏中作战。

Alien Worlds 生态内拥有两种通证，其中一种是 NFT 形式的游戏道具或资产。而另一种 ERC-20 标准的同质化通证 TLM 则在生态内扮演着游戏金币的角色。玩家在游戏中可以通过挖矿赚取 TLM，并能将 TLM 质押到星球的 DAO 中参与管理和决策。此外，在游戏中玩家还需要通过消耗 TLM 来购买或升级道具，参加部分任务以及活动也需要消耗 TLM。

能源 / 碳中和

Dovu

https://dovu.earth/

Dovu 将碳信用通证化，并提供基于哈希图（一种不同于区块链的分布式账本技术）的碳交易市场，使得人们能实时抵消自己的碳排放。

在碳信用需求侧，Dovu 提供了交易通证 DOV 和碳计算器。在碳信用供给侧，Dovu 联合全球各地的农场植树造林降低碳排放。

交易所

针对加密资产的交易所既有中心化的也有去中心化的。中心化交易所目前依然占据着绝对的市场地位，因为他们发展较早，对从 Web 2.0 过渡进入 Web 3.0 的用户而言使用体验也比较好。在交易所中交易的加密资产主要为加密货币和 NFT。去中心化加密货币交易所我们放在第六章详细介绍，NFT 交易所我们放在第七章详细介绍。

05

第五章 Web 3.0 的社会关系

DAO：Web 3.0 的操作系统

如果说 DApps 是 Web 3.0 的硬件、砖瓦，那么 DAO 就是 Web 3.0 的软件、操作系统、社会关系。DAO 是一种共同管理加密资产以达成共同目标的组织方式。我们可以将 DAO 视作由成员集体所有和共同管理的 Web 3.0 版本的新型企业。

DAO	传统企业
通常是平等的	通常等级鲜明
需要成员投票才能实施任何更改	可能部分人就能进行决策，也可能投票表决，具体取决于组织结构
不需要可信的中间人就可以自动计算投票、执行结果	如果允许投票，则在内部计票，投票结果必须由人工处理
以去中心化方式自动提供服务（如慈善基金的分配）	需要人工处理或自动集中控制，易受操纵
所有活动公开透明	活动通常是私密进行，不向公众开放

DAO 的实现基于智能合约。因此，在某些语境下，DAO 也可以指代支撑 DAO 运行的智能合约本身。合约界定了组织的规则，管理组织的资金。以太坊是第一个使人们能够建立 DAO 的区块链。大多数 DAO 都在以太坊上，但也有其他网络能建立 DAO，如 Polkadot、Cosmos、EOS 和 Cardano。

DAO 存在的意义是为了达成成员的共同目标。在实践中，有时候这些目标在达成过程中有一些部分无法完全采用智能合约自动实现，那么 DAO 的运行模式演变成了去中心化组织（Decentralized Organization，DO）。在 DO 的运行中，一些关键性决策是需要成员通过人工干预的方式共同做出的。

DAO 或者 DO 都是非精确的概念，它们的边界会随着具体问题而变得模糊，但至少包含以下几个部分：

目标章程

章程是为了让 DAO 的全体成员明确 DAO 的目标。就像公司的目标可以是为了经营某项业务以获得盈利，或从事某种公益事业，DAO 的目标也可以是多种多样的。这也形成了不同的 DAO，我们将在本章列出。

参与方式

确定参与 DAO 的方式和所应该获得的报酬，比如劳动、资金或资源等。这关乎对 DAO 成员的激励机制和考核机制，是比较有挑战性的一部分。

争议处理机制

DAO 的决策过程是全体成员共同完成的。通过沟通和投票达成共识。争议处理机制是用来达成共识的。

协作流程

确定日常讨论和协作的方式和工具。目前人们通常使用 Discord 交流。

发展路径

通常 DAO 有两种发展路径——“归于 DAO”（Exit to DAO）和“始于 DAO”（DAO First）。“归于 DAO”的意思是在组织形成之初，以中心化形式运行，逐渐将决策中心的权力下放到社区。“始于 DAO”是在组织形成时就已经将通证分配和资本构成等问题确定，以去中心化自治的方式运行组织。目前大多数的 DAO 都是“归于 DAO”的路径，即在 DAO 组建的早期需要由创始团队进行一定的引领。

DAO 的运行模式

组织架构

首先，一个典型的 DAO 会有一个核心创始团队，或者决策委员会，他们获得授权能对 DAO 的一些日常事务做出决定，这样可以避免无休止的投票。社区授权核心团队管理日常事务，其性质类似于董事会任命 CEO 及高管，但是职责权力也不是全垄断，大部分的决策权力其实还是需要 DAO 组织成员的共同投票决定。

DAO 会根据业务需求，设置几个公会，每个公会里面都聚集了具有特定技能且愿意为组织做贡献的人。公会里面每个人都可以自己决定做什么、不做什么，参与或不参与什么项目，并且可以通过通证激励机制共享 DAO 的收益，我们可以将这些公会理解为 DAO 的人才池。

DAO 可以同时运作多个项目，每个项目组有多个成员，这些成员来自各公会，项目与各公会形成纵横结构。在这样的纵横结构下，成员之间互相没有统属上下级的关系。每个人既是独立运行的个体，又是组织的一部分。

在公司管理中也有这样的探索，那就是 Holacracy。Holacracy 的词根是 Holon，与 Whole 同源，是一个哲学概念，意思是一个自己就是整体，同时又是一个更大整体的一部分。与之相对的是 Dichotomy，意思是将整体拆分成互斥的诸多部分。Holon 与 Dichotomy 的核心差异在于部分是否具有完整的功能和权力。目前的 Holacracy 尝试并不算成功，其原因在于这些尝试是将 Hierarchy（等级制）的公司改造成 Holacracy，而公司内的人本来并不认同这种组织形式。DAO 是在 Web 3.0 的体系中建立的原生 Holacracy 体系，吸引加入的也是认可这种组织的人。

DAO 的工作开展更多是通过项目制。DAO 当中的任何成员都可以发起项目，如果你有一个促进 DAO 实现目标的计划，那么你可以在社区中发起为一个项目，然后，你需要在社区中宣导，让你的项目获得足够的支持。社区通过投票来决定是否为你的项目提供资金。如果你的项目成功拿到资金，就可以从 DAO 的各公会中招募成员去完成它。

项目会被分解为任务。在 DAO 中，完成任务一般会获得贡献值，不同 DAO 中称谓不同，有的叫声誉，有的叫经验值。积分是不可流通的，但你的积分会间接决定你未来的通证收益和特权（例如白名单、PASS、POAP）。积分决定了你的等级，提升等级可以解锁更多的访问权限，也可以让你有机会接到更多的任务，以及更多的利益。任务分为两种，一种是周期短、交付明确的赏金任务，完成赏金任务可以直接获得赏金，也会获得一部分贡献值。还有一种是协作度较高的项目任务，领取项目任务的门槛会相对高一些，完成后的奖励周期也会比较长，一般不会直接奖励赏金，但会获得项目分红。

DAO 成员共同掌握一定的权力，可以共同设定项目内工作的积分值及成员等级要求，项目成员通过完成工作获得积分，最终项目预算的大部分将按照积分比例分配给成员。贡献值是 DAO 组织运行的核心要素之一。

当完成特定任务时，贡献者可以获得对应的勋章。勋章并没有财务价值，无法转让，但在社区内具有社交价值，是标榜你完成了某项挑战的证明。这些勋章可能会超越组织内的认可，成为跨组织的能力证明，成为你 Web 3.0 简历的一部分。

治理机制

DAO 的特点在于成员投票决策，其投票机制有以下 7 种：

流动民主（Vote Delegation/Liquid Democracy）

成员将权力委托到少数专家手中，但他们随时可以撤回委托并亲自行使投票权，或是转移委托给其他人。此外，委托是多级的，你委托出去的票，可能会被再次委托给其他人。

二次方投票（Quadratic Voting）

允许单个投票主体为同一选项重复投票，但为同一选项进行重复投票的边际成本呈现递增趋势。例如为同一选项投一票需要消耗 1 个通证，为其投 2 票则要消耗 4 个通证，为其投 3 票需要消耗 9 个通证，以此类推。

二次方投票可以用于权利所有者对公共资源进行分配的投票，典型的应用案例是 Gitcoin。Gitcoin 是一个采用二次方投票机制来决定将来自以太坊基金会的资金用于资助哪些项目的捐赠型 DAO。在 Gitcoin 出现之前，以太坊基金会赞助哪些项目是由一个中心化的委员会决定的。Gitcoin 提供了一个让社区用户表达意见的渠道。社区用户可以通过向自己支持的项目以“捐赠”的形式进行投票，一个项目获得捐赠的总数，最终决定了能获得的赞助额度。

二次方投票必须依赖严格的身份证明机制才能保证其公正。如果允许伪造身份，其运行结果将与每个通证一票毫无差别。

全息共识（Holographic Consensus）

随着 DAO 规模的扩大，协调的成本在急剧增加，让所有人为每一个提案投票显然是不现实的，参与者的注意力不可避免地成了最稀缺的资源。为了让治理体系更高效，必须要有管理集体注意力的机制。该机制要确保最重要的提案得到关注，得到参与投票的小群体倾向于按照大多数人的利益行事。

DAOstack 提出了全息共识的解决方案。“全息”一词本意是指在二维平面上记录三维物体全部信息的技术手段，而全息共识的目标则是让小群体准确表达大众意志。在 DAOstack 中，这一点是通过注意力通证——GEN 实现的。

你不能使用 GEN 进行投票，但你可以对任意一个提案进行押注，如果你押注的提案通过，你将获得更多的 GEN，如果押注的提案未被通过，你将损失 GEN。这种押注的方式相当于建立了一个与投票机制并行的预测市场。

全息共识的治理流程可以分为四个步骤：

（1）发起提案：任何满足声誉门槛的用户均可发起提案；

（2）提案增强：GEN 持有者选择他们认为通过概率大的提案进行押注，没有获得足够 GEN 押注的提案将被忽略，不会进入下一阶段；

（3）投票决策：拥有投票权的群体对提案进行表决，若提案通过，押注的用户可以获得 GEN 奖励，反之则损失 GEN；

（4）上链执行：被通过的提案正式生效，并在链上执行。

对该框架的质疑主要集中在两点：其一，该框架是否真正筛选了最值得关注的提案，还是只是筛选出了具有传播效应的热门提案？其二，押注者的判断建立在某个提案是否会被通过，而非某个提案应当被通过，具有投票资格的押注者必然会参与投票，他们是否最终会歪曲投票结果？

信念投票（Conviction Voting）

信念投票是 Aragon 提出的一种基于投票者信念的动态投票机制。从目前实践来看，信念投票对于预算决策而言非常适用。信念投票有以下特点：

（1）用户可以随时在多个正在进行的提案中分配他的投票，且没有明确截止日期；

（2）投票效用不止与所投票数有关，而且增加了时间函数，会随时间推移而逐渐增长。这个增加过程不是匀速的，而是减速的；

（3）用户可以随时撤回自己的投票或者转移到其他提案，其投票效用不会被立即移除，而是随时间推移逐渐减弱。这个减少过程也不是匀速的，而是加速的；

（4）每个提案根据其所申请的资金额度，会有一个阈值，一旦提案所聚集的“信念”达到阈值，提案就会通过，资金就会被拨付。

信念投票从根本上改变了投票的形式，社区用户将不被要求在一段时间限制内投票，也不会被要求为他们不了解的提案投票。用户可以充分表达并改变自己的选择，而不必总是做出“最终决定”。信念投票不要求用户在同一个议题上达成多数共识，转而充分发挥用户意志的多样性，并让多条路径并行，有效地降低了投票的门槛，更灵敏地反应群体意志。

怒退机制（Rage Quitting）

从理论上讲，靠多数投票来决定资金处置的组织是存在风险的，例如掌握 70% 投票权的所有者，可以通过投票一个提案，侵吞另外 30% 投票权所有者的资金。尽管这样极端的情况还未出现，但是在股份制公司，大股东利用决策权和信息优势，收割小股东利益的事情屡见不鲜。对于投资型 DAO（Venture DAO）而言，防止具有决策权的小群体损害其他所有者的利益是十分必要的，怒退机制便可以有效保障这一点。

该机制来源于 Moloch，现在被广泛运用于包括 DAOhaus 在内的多个采用 Moloch 框架的 DAO 平台或 DAO 组织。对于 Moloch 框架的 DAO 而言，任意成员可以在任何时候退出 DAO 组织，销毁自己的 Share 或者 Loot（Share 是有投票权的股份，Loot 是没有投票权的股份），取回 DAO 当中对应份额的资金。而怒退特指在治理投票环节当中的退出行为。

以 DAOhaus 为例，治理流程被分为以下步骤：

（1）交提案：任何人（不限于 DAO 组织成员）都可以提交提案；

（2）赞助提案：提案必须获得足够的赞助才能进入投票阶段。赞助的含义是持有 Share 的人对此提案投票表达支持，此阶段可以过滤无意义或不重要的提案；

（3）排队：提案获得的赞助超过阈值之后，进入队列，等待投票。通过排队机制，确保提案有序地汇集到投票池中；

（4）投票：在投票截止日期之前，提案必须获得足够多的赞成票才可以通过；

（5）缓冲期：投票通过之后，在执行投票结果之前，有 7 天的缓冲期（Grace Period），在此期间，对投票结果不满意的股东可以怒退；

（6）执行：提案被标记为完成，并在链上被执行。

可以发现，怒退机制最独特的差异在于增加了缓冲期。在怒退机制下，任何成员都不能控制其他成员的资金，通过治理投票理论上无法伤害任意成员的利益。

知识提取投票（Knowledge-extractable Voting，KEV）

KEV 的核心是让具有知识的专家拥有更多的投票权。KEV 的思想源于对现实政治中民粹主义的反思。在英国脱欧的公投中，其实有不少对国际政治与贸易具有深刻认识的“有识之士”，他们普遍不支持脱欧，但他们没有更多的投票权，他们和大众一样，只有相同权重的一票。为了改善这种情况，KEV 机制引入了一种新型的知识通证，该通证和声誉的性质有些类似，不可交易，且可以通过既定的规则进行发放和罚没。但该通证不直接用于投票，而是通过影响投票权重来发挥作用。

在 KEV 机制中，提案会被划分为不同的主题，不同的主题会对应不同的知识通证，拥有某类知识通证可以在该类主题的提案中拥有更大的投票权。假如 Alice 拥有很多税法主题的知识通证，Alice 在对税法方面的提案进行投票时，其投出的票会有更大的权重。

如果 Alice 投出的票符合最终的投票结果，Alice 会被奖励更多的对应主题的知识通证；反之，如果 Alice 投出的票与最终投票结果不一致，则其知识通证会被扣减。KEV 机制鼓励对某个提案更有专业知识的人去投票，也鼓励对某个提案没有掌握足够信息和知识的人不要去投票。这与上面的“全息投票”机制有一定相似性，对与最终投票结果一致的投票者奖励，而对不一致的投票者惩罚。

KEV 机制“知识影响权力”的想法无疑是具有正面意义的，但说到底判断专家的选择是否正确，还是得靠最终的投票结果本身，而非投票决策本身是否产生了正面的影响。因此 KEV 机制依然会产生与“全息投票”相似的质疑。

声誉投票（Reputation-based Voting）

大多数 DAO 采用单通证经济模型（关于通证经济模型将在第八章讲解），即只有一种治理通证。治理通证往往要承担双重职能，一方面要承担治理功能，另一方面又要承担价值流通职能。通证必须有足够的流通性才能捕获财务价值。但治理通证的财务价值，必然带来金融化的倾向。这意味着治理通证不仅可能出现在交易市场，而且可能出现在借贷市场，甚至可能产生衍生资产。攻击者可以从借贷市场借入，或是从可能存在的委托贿选市场中租用委托，即可短时间获得大量投票权，对 DAO 发起治理攻击。

为了规避这样的问题，有些 DAO 组织让投票效用与通证持有时长挂钩，持有时间越长，投票权越大。加权投票可以增加治理攻击的金融成本，让攻击不具备经济可信性。更加彻底的方案则是将财务价值通证和治理权力通证完全解耦，后者我们可以称之为“声誉”。

声誉投票机制中“声誉”，是一种不可转让，不可流通的积分。通过持有或者锁仓通证可能获得声誉，但具有投票权的是声誉，而非通证。声誉还可以通过为组织做出贡献而获得。需要注意的是，声誉持有者对声誉并没有绝对的所有权，已获得的声誉是可以通过代码或是投票销毁的。例如，当声誉持有者做出了损害组织利益的行为，其声誉有可能被扣除；又例如，为了避免早期获得的声誉持续产生影响力，破坏公平性，声誉可以随着时间推移而被陆续扣减，或因过期而失效。

尽管声誉不能完全抵抗恶意贿选（你还是可以出售你的私钥来间接转让声誉），但形成一个高效的声誉买卖市场，或是使其金融化无疑是极难的。

从 DAOstack 开始，其他治理框架也陆续支持了声誉投票的方案。声誉投票赋予了 DAO 组织基于其社区生态分布、通证分布调整投票权重的能力，也避免了基于通证的投票带来的治理攻击问题和公平性问题。通过自定义声誉值的计算规则和获得方式，DAO 组织可以实践各自所理解和认可的“民主”。

公司 vs DAO

DAO 和公司在机制上有三个根本区别:

规则

公司依靠与人员签署法律合同、约定股份、绑定分红使其为公司效力。而 DAO 的组织规则不依靠法律保障，是以链上合约、代码程序的形式约束着组织成员。区块链技术保障了合约程序能公平公正地对待每一个参与 DAO 的成员，同时采用把规则写进合约的方式让 DAO 即使在无信任基础的情况下也可以形成有自主驱动、用户匿名、可跨国跨时区协作的去中心化组织模式。这让任何人都可以参与 DAO 的合作。

利益分配

DAO 的参与者同时也是 DAO 的通证持有人。DAO 参与者与 DAO 创造者的身份边界消失，实现真正共存，颠覆公司里的上下级模式。公司因为过于中心化、不透明、数据不同步的机制设定，会出现类似上级约定好给下级的报酬比例后因为各种原因减少或吞没的情况。而 DAO 的参与者本身也是通证持有人和社区建设者。在理想的设定中，DAO 在链上合约协议的约定下，不会出现 DAO 的创始者和参与者之间有管理冲突、利益分配等问题。关键的利益分配、管理决策问题会依据在建立前就嵌入区块链合约的协议规则，配合链下分布式决策来持续运行，不会出现人工干预这种传统公司模式的行为。这些特点使每个 DAO 的参与者既能够参与建设项目获取报酬，也可以共享组织发展带来的经济利益。

身份边界

DAO 是自由选择、公正公开、权力开放的，用户可以为各种各样的 DAO 工作，也可以随时不参与。这样的好处是加速了组织创新和资源迭代，加快组织发展速度。DAO 的资源流动和决策比公司更加高效频繁，公司制里，往往光是信息传达都很费功夫，一道决策经过反复几次上传下达后，有时候一个星期都无法得到执行。DAO 赋予集体决策的权力，这样会使行业资源间的信息沟通程度加深加快。DAO 成员达成共识的速度更快，因为参与者随时进出。有着相同目标的参与者进入组织，对组织路线不满意的随时退出，可以加快组织达成共识。

人类组织形态的每次范式转变都会使社会生产力大幅提升。与公司制的组织形态不同，DAO 有着更强和更直接的激励机制。成员受到投票权的激励，投票权又会反过来影响他们收到的费用和奖励。而且他们可以通过通证捕获 DAO 所产生的价值。自公司制度诞生以来，用户创造的大部分价值都被平台，更具体地说是他们的创始人 /CEO 所攫取。在 DAO 设置的新框架中，其他成员可以获取更多创造的价值，具体转换的方式取决于每个 DAO 中经济和投票权的特殊性。总体而言，这种利害关系的一致性可以激励每个成员做出更多的贡献，并使组织更有效率。

DAO 让我们有更多机会远程工作，远离拥挤的城市，也让我们有更多的选择。如果你是工作狂，你可以积极贡献更多能量，如果你希望工作与家庭平衡，DAO 也允许你只贡献部分精力，你甚至可以游走在不同的 DAO 之间，为每个 DAO 只贡献 1 小时。

通过为 DAO 工作，你不仅可以获得报酬，还可以通过通证化的奖励，成为组织的拥有者之一，享受组织成长带来的长期利益。尽管少数公司也提供这样的机会，但显然 DAO 会提供更多。

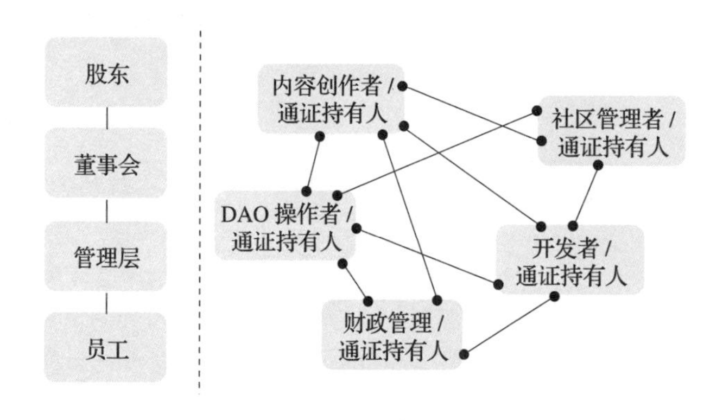

公司与 DAO 的组织结构差异

从 DID 到 SBT：Web 3.0 的身份证

马克思说过，“人的本质不是单个人所固有的抽象物，在其现实性上，它是一切社会关系的总和”。自然而然地，你在 Web 3.0 世界里的社会关系让你成为 Web 3.0 里独一无二的你。

万维网联盟（W3C）是蒂姆·伯纳斯·李（就是本书开头讲的互联网创始人）于 1994 年创立的一个互联网标准制定组织，目前该组织由美国麻省理工学院计算机与人工智能实验室、欧洲信息学和数学研究联盟、日本庆应义塾大学和我国北京航空航天大学共同管理。该组织于 2021 年发布了第一份关于去中心化身份识别的标准——去中心化识别码（Decentralized Identifier，DID）V1.0。W3C 将 DID 定义为"一个全局唯一的、持久的、不依赖于中心化登记机构的、通常是采用加密算法生成或登记的标识符"。在 Web 3.0 的语境下，我们可以将他理解为 Web 3.0 的身份证。身份证看似是一张卡，但他背后是你的社会关系、民政记录、医保学历、工作履历等诸多你在社会上的行为，是这些行为让你凭一张身份证能乘坐高铁飞机、能出入会场、能就业就医。DID 也是一样的，它的本质是你使用这个钱包在 Web 3.0 留下的痕迹，而它的表象可以是一个访问权类型或者身份证类型的 NFT（将在第七章涉及）。

出席证明协议（Proof of Attendance Protocol，POAP）就是在以太坊上专门用于发放这种 NFT 的一个协议。一些 DAO 或者活动的组织者会使用这个协议向 DAO 成员或者活动参与者发放出席证明徽章。这些 NFT 形式的徽章存放在接收者的钱包里，作为一种经历的证明，可以在其他 Web 3.0 场合中成为通行证，或者炫耀的资本。钱包中的 POAP 徽章就像钱包里的其他资产和痕迹一样，都是公开可查的。让我们看看以太坊之父维塔利克的钱包里有哪些 POAP 徽章。

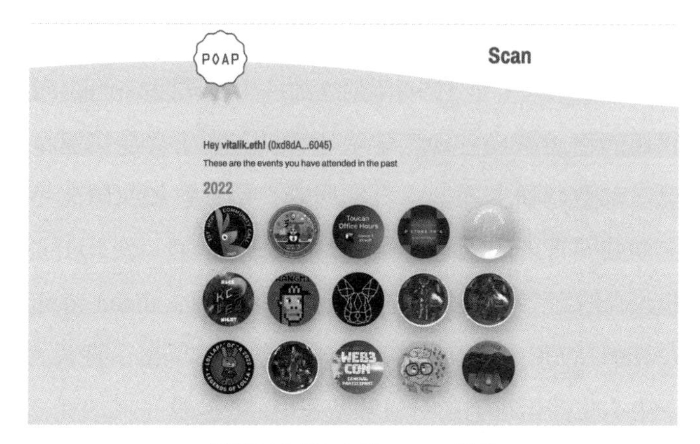

维塔利克钱包里的 POAP 徽章

DID 和传统 ID 的差异在于，DID 基于区块链，而链上数据是公开透明可查并难以篡改的。因此当你在 Web 3.0 亮出 DID，人们并不需要借助某个权威机构，就可以核验这个 DID 的真伪以及能否准入。

目前，人们使用钱包中的 NFT 证明自己在 Web 3.0 上的经历，但 NFT 是可以转手的。这样的身份系统无疑会造成多重身份，让 Web 3.0 变得黄牛黑市横生，不利于向未来健康的元宇宙发展。为了解决这个问题，维塔利克提出了灵魂绑定通证（Soul Bound Token，SBT）的概念。SBT 的核心在于一经授予，无法转手，可以理解为不可转手的 NFT。通过 SBT，我们就可以唯一确定一个人（钱包）在 Web 3.0 世界的经历，从而通过社会关系定义这个人。

RabbitHole 是一个类似于 DApps 分发平台的项目，它吸引用户通过使用 DApps 来获取 XP 经验数据、不断升级并获得奖励。

RabbitHole 将每个去中心化应用程序分解为游戏化任务，因此用户可以在引导网络的同时了解应用程序的主要功能。RabbitHole 通过发行的冒险勋章 NFT 使得用户能够展示自己的成就和知识，并将其设计为不可转让的 SBT，这保证了任何带有探险徽章的钱包实际上完成了徽章所代表的成就。

目前，SBT 的案例还不是很多，但它的大规模普及必将给 Web 3.0 带来很大变化。

DAO 在各领域的案例

投资：Cult.DAO

Cult.DAO 是一个去中心化的风投。它主要由两个群体组成——守卫和选民。DAO 成员质押 DAO 的原生通证 CULT 可以获得对应的治理通证 dCULT。dCULT 对应着选民的治理权利。持有 dCULT 总数前 50 名的选民将成为守卫，拥有提案的权利。其他人都是普通选民。守卫的提案内容需要与对其他 Web 3.0 项目的投资有关。

用于投资的资金来自于 Cult.DAO 的小金库，从每笔 CULT 交易中抽取的 0.4% 佣金。每筹集价值 15.5ETH 的 CULT，便有价值 2.5ETH 的 CULT 被销毁，另外价值 13ETH 的 CULT 将会打给被投项目。

说白了，就是由守卫挑选项目，由所有成员投票。以传统企业的框架来理解，CULT.DAO 相当于是去中心化的 Web 3.0 风投。CULT 质押者相当于基金投资人，而守卫是项目经理，负责挑选项目并发起提案。

慈善：Gitcoin

慈善 DAO 类似于投资 DAO，成员们汇集资金并将其部署到各种目标中，唯一的区别是、慈善 DAO 是在不期望财务回报的情况下进行投资的。

Gitcoin 是一个基于以太坊网络构建的去中心化协作平台。它为开发者提供了一个支持 Web 3.0 新基础设施（包括工具、技术和网络）的社区，除了让他们在开源项目中通过获得赏金的方式进行协作之外，Gitcoin 还向社区以外的项目提供资助。

目前，Gitcoin 已经进行了十多轮资助，涉及数千个项目。它所资助的项目通常都会成为行业的指路灯，向从业者指引行业发展的方向。对被资助项目而言，Gitcoin 给他们带来的关注度已经远比资助本身更有价值了。

数字艺术：PleasrDAO

2021 年 3 月 26 日，加密艺术家 pplpleasr 在社交媒体发文表示，将把 Uniswap V3 的官宣视频片段制作成 NFT 进行出售，所得收益全部用于公益事业。这条消息引起多位以太坊社区成员关注，PoolTogether 联合创始人雷登・库萨克（Leighton Cusack）振臂一呼“有人想创建一个轻量级的 DAO 去竞拍这个 NFT 吗？”响应者们仅一天就筹集了超过 60 万美元。最终，Uniswap V3

NFT 以 310ETH（当时价值 52 万美元）的价格被拍走。

竞拍结束后，雷登等人决定将该组织运行下去，并以 PleasrDAO 为名，纪念第一次慈善竞拍。而后，PleasrDAO 发行了治理通证 PEEPS，并按比例分给贡献者，通证持有者共同享有 DAO 旗下的 NFT 所有权。

现在，PleasrDAO 是由收藏家和数字艺术家组成的一个社区，他们收购并资助具有文化意义的作品，再创造出一些从根本上补充作品灵魂的东西，然后与社区分享。PleasrDAO 的作品包括：

- Stay Free：爱德华·斯诺登（Edward Snowden）发布的 NFT，这一收购将直接支持他的非营利基金会 Freedom of the Press。
- Dreaming at Dusk：对 Tor Project 第一个洋葱服务的历史性和艺术性展现。购买的这一艺术品将支持非营利组织为保护所有人的在线隐私和匿名做出努力。
- Doge：以狗狗币为原型制成的 NFT，记录了互联网历史的标志性片段，也是十年以来最受欢迎的 meme 之一。

协议：Uniswap

Uniswap 是一个以协议形式存在的去中心化交易所，而它的治理是以 DAO 的形式运作的。它的开发团队于 2020 年 9 月推出了其治理通证 UNI。这一独特的行为开启了新的治理结构，并正式赋予 Uniswap 社区以项目的日常运行和开发权利。任何持有 UNI 通证的人都可以对可能改变 Uniswap 协议的开发提案进行投票或委托他人投票。

在引入此通证之前，开发团队全权负责确定 Uniswap 项目的开发决策。现在治理已经转移到社区。为此，该团队分发了 10 亿个 UNI 通证给开发团队、Uniswap 社区成员、投资者和顾问。分配给每个组的总供应百分比如下：

- 60.00% 给 Uniswap 社区成员
- 21.266% 给团队成员和未来员工，有 4 年的归属时间表
- 18.044% 给具有 4 年归属时间表的投资者
- 0.69% 给具有 4 年归属时间表的顾问

任何 UNI 持有者都可以提交更改或引入新功能的提案，并获得其他社区成员的批准。在实施之前，开发提案需要经过多个阶段的投票。

第一阶段是热度投票，提议者需要将想法宣讲给社区并获得足够的选票才能进入下一阶段。在这个阶段，提案必须获得 2.5 万个 UNI 赞成票，才有资格进行进一步审议。

第二阶段是共识投票。在这个阶段，提议者必须通过正式答辩，以突出提案的核心优势。提案必须获得不少于 5 万个 UNI 赞成票才能通过这一关。

最后一个阶段是治理提案。这是提议者提交经过审计的代码以进行最终审议的地方。与其他两个阶段一样，有一个最低投票要求来决定提案是否被采纳——每个提案必须获得多达 4000 万 UNI 赞成票才能有资格实施。

只有当提议者持有或受委托一共超过 250 万 UNI 时，才能提交提案供社区考虑。最初的要求是 1000 万 UNI，后来通过治理机制修改到 250 万，以降低提交提案的门槛。

社交：FWB DAO

FWB（Friends with Benefits）的含义在这里并不是常见的意思，这是一个包罗万象的讨论社区。进入 FWB DAO 的门槛是持有 75 个 FWB 通证，填写申请表，并由社区审议通过。目前一共有 3000 多名 DAO 成员，一个 FWB 通证最高曾经价值 190 美元。FWB 的目标是让 Web 3.0 成为一种文化现象。

FWB 的主要载体是 Discord 社区。成员通过 Discord 参加各种活动并获得参与证明。比较类似有门槛的俱乐部论坛。

与现实结合：CityDAO

CityDAO 的目标是建立一个以 DAO 的方式运作的城市。这个 DAO 已经在美国怀俄明州买了 40 英亩（约 16 万平方米）的土地，并将在 DAO 社区里已经确定好的旗帜插在了那块土地上。

教你建立一个 DAO

了解了这么多关于 DAO 的概念，是不是也想自己动动手？参与或自己建立一个 DAO 是亲身体验 Web 3.0 的门槛最低的方式。建立一个 DAO 几乎和建立一个微信群一样简单。这一节笔者将借助一个名为 Aragon 的工具，手把手教读者建立一个 DAO。

第一步：打开 https://aragon.org/

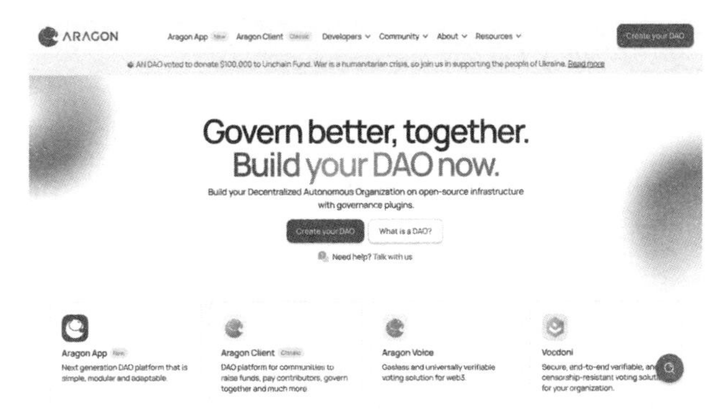

第二步：点击“Create your DAO”进入下图的建 DAO 页面

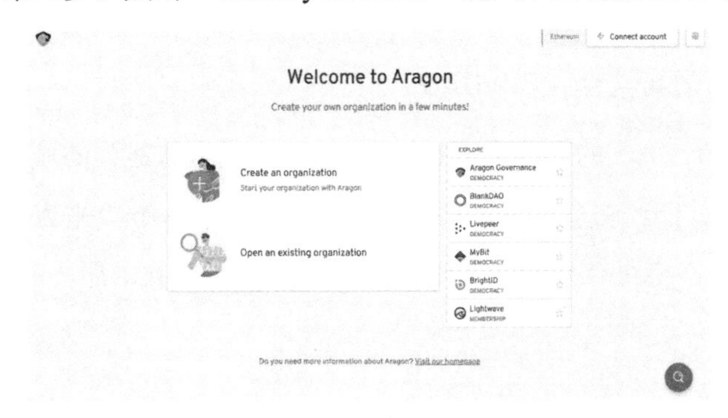

第三步：点击“Create an organization”进入下图开始建 DAO 流程，这一步是选择模板。Aragon 提供了 3 个成熟模板——公司（Company），会员（Membership）和声誉（Reputation）。

公司模板创建的 DAO 通证是可以转手的，通证用于代表对公司的所有权。会员模板创建的 DAO 通证是不可以转手的，投票时采用一人一票制。声誉模板创建的 DAO 通证也是不可以转手的，但投票时采用声誉加权投票制。

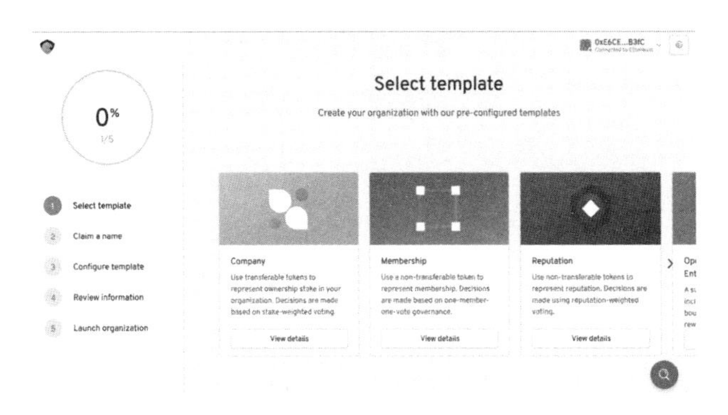

第四步：给你的 DAO 起个名字

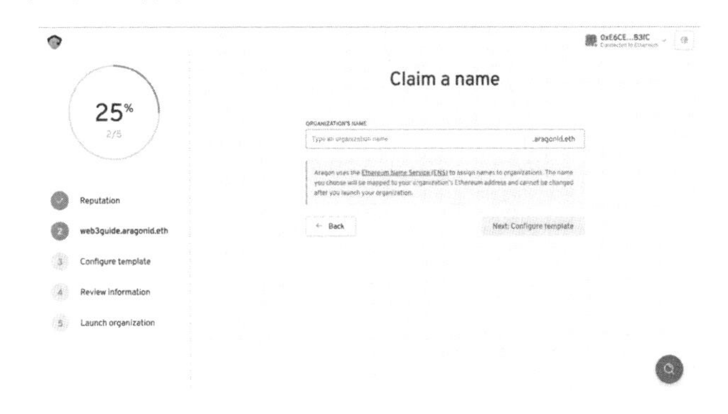

第五步：设置投票规则。在下图“SUPPORT%”一栏设置的是每个提案在参与提案的票数中需要获得多少比例的赞成票能够通过提案。“MINIMUM APPROVAL%”一栏设置的是在所有通证持有者中需要获得多少比例的赞成票能够通过提案。“VOTE DURATION”用来设置投票时长。

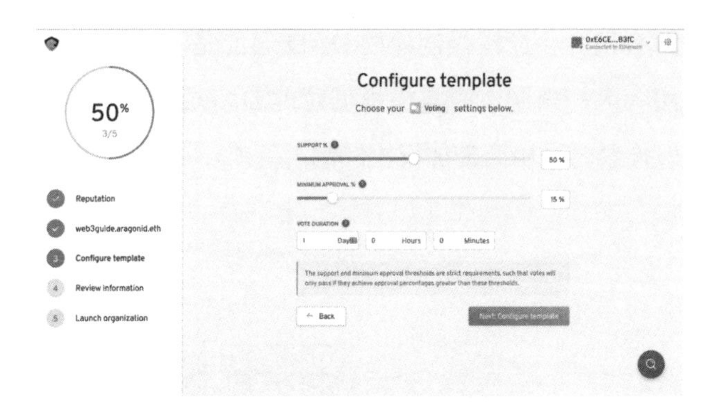

第六步：给通证起个名字，在下图页面设置通证总量和一开始将通证发到哪些钱包里。

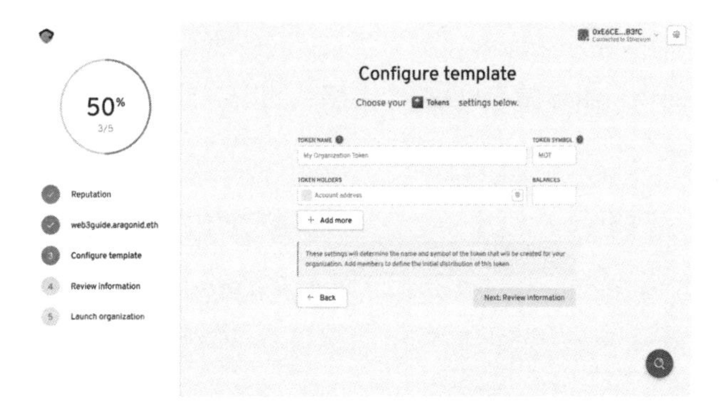

第七步：检查设置参数，点击“Launch your organization”就可以建立一个 DAO 了。建立成功后，Aragon 还提供一系列插件辅助 DAO 的运营，包括争议处理、代理投票、金库管理等。

建立了 DAO 只是运营的开始。接下来需要做的就是往 DAO 里面填充成员和业务。就像创立一个公司一样，刚开始也会有一系列的行政和业务准备。而在 DAO 的语境下，这些都会与现实中创立公司有略微的差异。比如，在现实中开公司需要租用办公场所，而 DAO 的成员通常是位于世界各地的人们。成员们自愿自发，无须面试即可加入，完全线上办公，所以这时候“办公场所”就成了线上虚拟会议室的概念。种种差异中，最重要的就是通证的发放和分配，因为它就像公司的股权一样，决定公司员工的积极性。理解通证的经济模型需要一些经济学知识，我们将这部分内容放在第八章详细介绍。

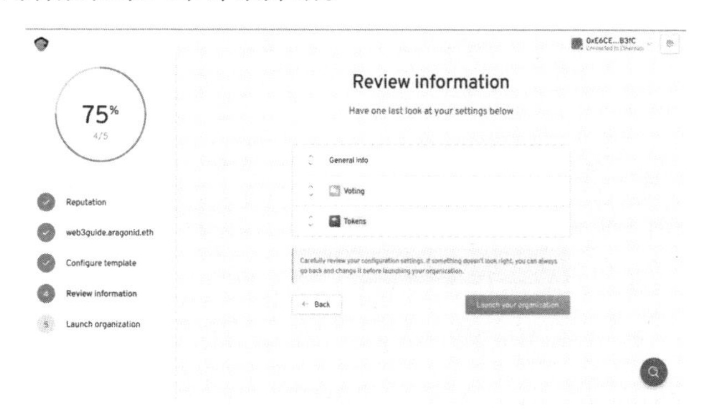

06

第六章 DeFi

Web 3.0 的钱包

DeFi，全称 Decentralized Finance，去中心化金融。DeFi 是面向消费者的 DApps 中发展最早，也是数量最多的一类。

在一些 Web 3.0 深度用户的思维里，DeFi 通常狭义的代表金融借贷等能够直接获取收益的应用。但是我们应该把钱包和交易所也纳入其中，才能使我们对 Web 3.0 的金融版图的理解更加系统。

在 Web 2.0 中，你可能拥有不止一个软件服务商的账户，比如支付宝、各大网商银行、微信账户。其本质是个人的身份权限被不同的服务商拿去和银行进行权限认证，个人资产要依靠中间平台的认证、权限设置以及交易形态形成更多的交易空间。钱包形态是各异的，且存在于各大软件服务商的服务器上。我们的个人资产包括信息、优惠券、购买的产品、服务、余额，都依托在软件服务商所建的平台上。所谓的钱包—线上账户的所有解释权，也都依托在平台。个人对平台授予代表个人对资产处理的权力和权限。

但是随着区块链技术的产生和发展，Web 3.0 的去中心化的技术托底，才真正让脱离于平台的钱包这个形态成为可能。个人即账户本身，资产不再属于平台，而是统一归属个人所有。

Web 3.0 钱包的形态

比特币的交易记录公开透明，且拥有点对点传输的去中心化支付系统。大量加密资产的发行，不依托公共机构发行，而是基于加密算法在私链的挖掘来发行的。这些比特币的转账以及个人归属、存储等问题，便是通过加密钱包解决的。

加密钱包的广义概念是存储加密资产的容器。每一种加密钱包都有他能存储和不能存储的加密资产种类，如果强行将不能存储的加密资产类型存入加密钱包，会导致资产丢失的严重后果。对于用户而言，加密钱包的组成部分包括：地址、私钥。钱包的地址是由公钥通过哈希运算产生的，是用于接收通证转入的，可以类比为银行卡账号。私钥是用于验证身份，进入并操作钱包的钥匙，可以类比为用户名 + 密码。

根据广义加密钱包的实际操作者归属，可以分为托管钱包和非托管钱包。

对于托管钱包来说，它一般由邮箱 / 手机号 / 用户名 + 密码组成，与 Web 2.0 钱包的使用方式没有太大差异。这种钱包的公钥和私钥都掌握在托管方的手中，用户通过自己在托管方平台设置的用户名和密码登录以后，通过托管方系统操作。这并没有实现去中心化，而是部分用户对于还无法接受去中心化钱包的一种妥协，各种中心化交易所上的钱包就属于此类。

对于非托管型钱包来说，私钥是完全掌握在自己手中的。以最常见的钱包：MetaMask 为例，在我们创建新钱包的时候，第一件事便是让我们记住 12 个英文单词组成的助记词组合。助记词是通过 BIP39（Bitcoin Improment Proposals）标准生成的，它们源自于 2048 个单词。每一个助记词对应一个数字，而这按顺序排列的 12 个数字就被称为 Seed Integer（种子数）。这个 Seed Integer 通过 SHA256 的加密函数运算就能生成一个私钥。通过椭圆曲线签名算法（Elliptic Curve Digital Signature Algorithm，ECDSA）进行进一步运算后，公钥也随之生成了。

在不同钱包间，助记词是通用的。也就是说在 MetaMask 钱包生成的助记词，你在另一个钱包 imToken 输入后依然可以进入，控制自己的资产。MetaMask 和 imToken 在这个场景下只是一个壳。

因此，助记词实际上就是你的钱包的全部，丢失助记词也就等同丢失钱包。保护助记词或私钥是重中之重。这也引出了加密钱包的狭义概念：保存私钥的容器。

根据加密钱包的存储介质与环境，又可以分为以下几类：

（1）私钥存储在 Web 端的地址或者账户中，叫作网页钱包；

（2）私钥存储在个人计算机的本地服务器中，叫作桌面钱包；

（3）私钥存储在以手机为载体的手机系统中比如 Android 或者 IOS 系统内，叫作手机钱包；

（4）私钥存储于离线硬件中，叫作硬件钱包。硬件钱包也是加密资产在存储时候最为推荐和流行的方式之一；

（5）私钥可以手抄下来，存于任何一页纸上，称为纸钱包。

以上几种钱包，私钥实际保存地是在网上的属于热钱包，私钥实际保存地不联网的属于冷钱包。

虽然在 Web 3.0 的时代，钱包早已不是我们传统熟悉的钱包，其作用、形态和功能都发生了翻天覆地的改变。但是钱包的本质其实从来没有变过。传统钱包依托于传统货币的形式，其认证、鉴权和使用都依托于个人。钱包不被唯一标识，且无法溯源。即钱包可被偷或丢失，而第二个持有人仍可以使用实体货币，并重新授权。

而互联网的 Web 1.0 和 Web 2.0 时代，实体在互联网上成为数字，货币的使用权也相应地被个人绑定授予给了软件平台。比如我们需要通过身份认定才能登录，指纹解锁后才能付款。

在 Web 3.0 时代，货币的产生不再依托公信机构，私钥便是唯一的标识。而保护和妥善存储标识便成了钱包新的意义和价值。

去中心化交易所 DEX

去中心化交易所是一类基于区块链的交易所，它不需要将用户资金和个人数据转入交易所内，而只是作为一种基础设施来匹配希望买卖加密资产的买家和卖家。在匹配引擎的帮助下，这种交易直接发生在参与者之间。

中心化交易所（CEX），是集传统交易所、券商和投资银行的功能为一体的平台，以币安、Coinbase、FTX 交易所为代表，CEX 聚集了庞大的用户量和交易量，也带来了足够的交易深度，提供了充分的资产流动性。

交易所的核心环节一般包括充提、下单、订单撮合、资金结算和提现。CEX 均由交易平台本身撮合完成；DEX 则是把上述所有环节都置于链上，由智能合约执行全部操作，这样用户的交易过程就无须任何第三方。

CEX 与 DEX 的主要差异如下：

（1）CEX 的账户中存放着所有用户的资金，由于资金量庞大，很容易招来黑客的攻击，一旦出现问题几乎所有用户都要遭受损失。而 DEX 平台上，用户的资产不需要由平台方来管存。而是仅在交易时刻由智能合约撮合。交易时平台不触碰用户资产，用户的资产也无须充值到平台中，用户的交易操作都是点对点的交易，订单操作需要交易者用私钥签名，撮合成功后通过智能合约验证，资产直接到账钱包，无须提现，平台只负责信息流。

（2）从资产控制权角度，在 CEX 中，用户资产由平台掌控，用户需要将自己的资产充值到交易平台的钱包中。中心化交易平台的资产托管功能，就像银行一样，用户把钱存在银行，银行给用户一个账号，记录用户资金情况，银行对用户的资金有绝对的控制权。在 DEX，用户的资产完全由自己掌控。DEX 并不提供资金托管服务，也无法控制、转移用户的资金。

（3）从交易速度角度，在 CEX 中，由于交易数据不上链，所以只要有匹配的对手单，成交速度极快；DEX 则是完全由区块链支持的，每一个交易订单，每次状态的变化都将作为交易记录在区块链网络中，往往会导致流动性差、成本高、速度慢等问题。

总结来看，DEX 相对于 CEX 有明显的安全优势，能够大幅降低人为因素导致的各种风险。不过目前底层公链的性能严重制约 DEX 的发展，导致用户体验远低于 CEX。但随着 DeFi 项目逐渐活跃，市场上各类去中心化交易所正在不断突破。DEX 和 CEX 的竞争不仅仅只是技术的竞争，更多的是经济模式、高性能的竞争。因此，目前各类交易所逐鹿中原，最终谁能雄霸天下还尚未定论。

Uniswap 是交易量最大的去中心化交易所，目前的日交易量可达 60 多亿美元。所谓“交易所”，实际上是部署在以太坊上的一个协议。这个协议由一系列智能合约组成。第一版 Uniswap V1 于 2018 年发布，现在已经是第三版了。这三版的升级逻辑是提高资本的使用效率。

Uniswap 的设计目标是：易用性、Gas 高利用率、抗审查性和零抽租。

- 易用性（Ease of Use）：通证 A 换通证 B，在 Uniswap 也只要发出一笔交易就能完成兑换，在其他交易所中可能需要发两笔交易：第一笔将 Token A 换成某种媒介通证，如 ETH, DAI 等，然后再发第二笔交易换成 Token B。

- Gas 高利用率（Gas Efficiency）：在 Uniswap 上消耗的 Gas 量是以太坊上的几家主流去中心化交易所中最低的，也就代表在 Uniswap 交易要付的矿工费最少。
- 零抽租（Zero Rent Extraction）：在 Uniswap 协议设计中，开发团队不会从交易中抽取费用，交易中的所有费用都归还给流动性提供者。
- 抗审查性（Censorship Resistance）：抗审查性体现于在 Uniswap 上架新通证没有门槛，任何人都能在 Uniswap 上架任何通证。这在去中心交易所中很少见，虽然大多数的去中心化交易所不会像中心化交易所收取上币费，但还是需要提交上币申请，通过审查后运营团队才会让 Token 可以在他们的交易所上交易。下面是各去中心化交易所上币规则的详情。

自动做市商 AMM

自动做市商（Automated Market Maker，AMM）是去中心化交易所的核心引擎，而流动性质押（Liquidity Staking）是自动做市商的能源。这一节我们详细讲一讲自动做市商是怎样通过流动性质押推动了去中心化交易所的运转。

在传统中心化交易所中，你以一个价格发出买单，系统会在订单簿中寻找合适的卖单进行撮合成交，如果当前没有合适的对手单，则将新的订单暂存到订单簿中等待合适的对手单出现。这个订单簿以中心系统的形式保存了所有买单、卖单的信息。

在这种中心化交易平台上，每笔交易的撮合并不需要通过区块链，而是在中心化系统中实现，保证了交易的高并发和低时延，但如果平台上的买卖双方不够活跃，用户发出的买单或者卖单无法快速找到交易对手方进行撮合，就会出现长时间的挂单，交易效率低下，这时就出现了做市商。

做市商是指在传统证券市场上，由具备一定实力和信誉的独立证券经营法人作为特许交易商，不断向公众投资者报出某些特定证券的买卖价格（即双向报价），并在该价位上接受公众投资者的买卖要求，以其自有资金和证券与投资者进行证券交易。买卖双方不需等待交易对手出现，只要有做市商出面担当交易对手方既可达成交易。

做市商通过做市制度来维持市场的流动性，满足公众投资者的投资需求。做市商通过买卖报价的适当差额来补偿所提供服务的成本费用，并实现一定的利润，但是在中心化平台中，买方/卖方并不确定做市商是否真的在区块链上有实际的资产（账户中的余额只是中心化数据库中的一个数字），而且用户的资产都保存在中心化交易所的钱包里，自己没有绝对的控制权，而中心化交易所大部分目前也没接受任何监管机构的监管，很容易发生监守自盗的事件。

基于以上种种弊端，Uniswap 提出了一种通过智能合约实现自动做市商来与用户进行去中心化交易，用户资产完全由自己控制，而智能合约中锁定的做市资产也是公开可查，是一种更安全透明的交易方式。

自动做市商可以理解为一个能随时提供资产报价和交易的做市机器人，它通过简单透明的程序化算法计算出资产价格并进行交易。在欧美传统外汇或股票交易所，做市商作为具备资格的交易商，以自有资产与投资者进行证券交易，接受投资者的买卖挂单，为市场提供稳定的流动性。同时，做市商通过在做市的双向报价中赚取差价及交易费回扣等方式获利。

AMM 要实现能自动跟买方 / 卖方完成交易，需要满足几个特性：

（1）AMM 要持有资产，由于要做双向报价，所以要持有两种资产；

（2）AMM 资产池要能充值 / 提现；

（3）AMM 可以根据市场情况自动调整价格；

（4）AMM 要能通过交易赚取利润。

理论上 AMM 可以有无数种数学模型来进行定价，而被称作恒定乘积做市商（CPMM）的模型无疑是目前最受欢迎的。以 CPMM 中的明星 Uniswap 为例，它竟通过 xy=k 这样一个跟小学生乘法口诀表一模一样的算式完成了一万亿美元的累计交易量。为何看似简单的 xyk 有着如此强大的能量去冲击传统中心化交易所？

举个简单的例子，假如我们身处一个以物易物的农耕社会。牧场大婶每天在集市上以一瓶牛奶的代价换取 2 颗鸡蛋。某天大婶家门口开了一家无人超市，超市里摆放着 100 颗鸡蛋和 50 瓶牛奶，并有一块自动报价器按照鸡蛋 × 牛奶 =5000 的价格函数进行报价。大婶进店拿起两颗鸡蛋给自动报价器，“嘀，请支付牛奶 1.02 瓶”，大婶觉得不错，付款走人。

为什么报价是 1.02 瓶呢？因为大婶取走 2 颗鸡蛋后，超市鸡蛋剩下 98 颗，报价器按照 xy=k 的价格函数计算，5000/98≈51.02，要使得超市鸡蛋牛奶这对商品的乘积恒定，卖出 2 颗鸡蛋后超市应有 51.02 瓶牛奶库存，51.02–50=1.02 于是得到了对大婶的报价。

如果大婶急需买 50 颗鸡蛋又会如何呢？超市剩余 50 颗鸡蛋，5000/50 颗鸡蛋 =100 瓶牛奶，于是大婶需要支付 50 瓶牛奶来换取 50 颗鸡蛋。这时一个鸡贼的小贩发现了机会，于是去找牧场大叔借了 25 瓶牛奶，然后去集市换了 50 颗鸡蛋，接着去无人超市换走了 50 瓶牛奶，还给牧场大叔 25 瓶，套利 25 瓶，无人超市里牛奶鸡蛋价格再次回到正常。

正是这套自动报价的算法以及无数套利交易的存在让 DEX 成为可能并成就了今天的 Uniswap。

流动性质押

同样以之前的无人超市为例，同样是购买 2 颗鸡蛋，但是超市就比集市价格要贵 0.02 瓶牛奶。2% 的价差对于超市可能无伤大雅，可是对于交易量过亿的交易所而言简直是毁灭性打击。如果超市中的鸡蛋和牛奶的数量不是 100 和 50，而是 100 万和 50 万呢？那么大婶购买 2 颗鸡蛋的报价将变成 1,000,000 × 500,000/（1,000,000−2）−500,000=1.000002（0.002% 的交易费用）。

由此可见足够的流动性对于自动做市商而言何等重要。那么，怎样激励更多的人为自动做市商提供用于做市的弹药呢？

IDEX 交易所最早于 2017 年提出了流动性质押（Liquidity Staking）的概念。作为借贷协议（其功能类似银行的存贷款）的 Compound 在 2020 年的 DeFi Summer 中引入了流动性质押。流动性质押又称流动性挖矿（Liquidity Mining）是指流动性提供者（Liquidity Provider，LP）通过将加密资产质押给自动做市商（AMM）的资产池，为交易或借贷提供流动性从而获得回报的行为。在一个 DEX 或其他类型的 DeFi 协议上被质押的加密资产总金额被称为总锁定金额（Total Value Locked，TVL）。

流动性提供者为 DEX 提供了流动性，而用户在 DEX 交易时所支付的交易费用，将被作为回报分给这些流动性提供者们。这项收益是按照 LP 提供资产占资产池总量的百分比进行计算，如果质押价值达到整个资产池的 1%，那么资产池的交易费用总收益的 1% 就是你的了。

Uniswap 交易机制进化史

Uniswap V1

之前的例子可以看作是 Uniswap V1 时代的运作模式。而大婶突如其来购买的 50 个鸡蛋可以看作是现实世界交易中的价格操纵行为，使得市场价格在短时期内发生极大变化。

Uniswap V2

在 V2 阶段，Uniswap 提出了时间加权平均价格（TWAP）的概念，这个算法将一段时间内市场交易的累积价格除以持续时间（持续时间结束时间戳减去持续时间开始时间戳）来计算出一段时间内的平均价格。在此情形下，价格操纵的成本会随着流动性的提升以及 TWAP 算法的平均时间长度的增加而增加。

V2 增加了 Flash Swap 功能。Flash Swap 允许用户在 Uniswap 上提取自己想要的任何 ERC-20 通证，并且没有前期成本。用户拿到这些通证之后可以进行任意操作，只有一个前提，就是在交易执行结束时必须归还通证。这使得套利交易可以在无须前置成本的情况下进行。试想前述示例中的鸡贼小贩如果自己没有足够的牛奶又没法向牧场大叔借 25 瓶牛奶的话，那么套利交易势必无法顺利进行，价格异常也无法及时得到修正。

Uniswap V3

同之前相比，Uniswap V3 通过集中流动性（Concentrated Liquidity）提高了资本效率。在 V2 阶段，当流动性提供者（LP）向资产池提供流动性时，流动性沿着恒定乘积函数 xy=k 形成的价格曲线均匀分布。此函数理论上可以处理 0 到无穷大的所有价格区间。但是对于价格稳定的资产池，交易价格通常在非常狭窄的范围内反复震荡。不对 LP 的做市资金做范围限制会导致资金的使用效率低下。

在 V3 中，LP 在提供流动性时可以自己选择为一个特定的价格区间提供流动性，允许将资金集中在大部分交易活动发生的范围内。简单来说，就是从之前的 0 至无穷价格区间，到现在可以自定义价格区间，从而将流动性集中，达到资金利用率最大化的效果，降低交易滑点。

DeFi 的未来

金融的三驾马车是银行、券商、保险。这几类金融机构的功能在 DeFi 中有些已经发展出了对应产物，有些依然缺失。通过对这些功能的逐一拆解，我们可以预言未来的 DeFi 还有哪些发展空间。

银行是一个具有强中心化运营特色的组织，DeFi 中没有真正意义上的银行。银行的主要功能之一借贷，在 DeFi 的对应产物是借贷池（Lending Pool）。在之前介绍过的 Aave 就是其中规模最大的借贷池，其他的借贷池包括：MakerDAO、Compound 和 Anchor 等。但是，目前能够对应银行的信用中介职能的无抵押借贷产品仅有 TrueFi 和 Wing，它们规模较小，而且主要针对专注 Web 3.0 的资产管理公司，难以对实体经济等复杂场景进行信用评估。

银行的另一个主要功能存款，在 DeFi 的对应产物是钱包。由于 Web 3.0 的原生资产已经是以数字形式存在的，私钥也掌握在各人手中，因此并不需要一个机构为人们代为保存管理。

券商的做市和经纪功能已经通过自动做市商和流动性提供者

实现了，人们也在投行和资管功能上积极尝试。

Ondo 是由两名前高盛员工创办的去中心化投行，它将链上的可投资产汇集起来，再通过智能合约按风险收益拆分重新打包成多种产品，供具有不同偏好的投资人选择。

Cult DAO 是一个去中心化风投，它以 DAO 的形式存在。Cult DAO 的资金来源是从所有 CULT 通证的交易中收取的交易费用。Cult DAO 的成员通过持有 CULT 通证获得投票权，持有量排前 50 名的拥有投资项目提案权。投资提案经全体成员按持有通证比例投票通过后即可发放投资款。

传统金融的互助保险本身即带有一定的去中心化理念，因此保险是相对容易从传统金融迁移到 DeFi 的。目前在 DeFi 领域的保险产品有：Nexus Mutual、Unslashed、inSure、Solace、Bridge Mutual 等。保险的难点在于定价与核保。在定价方面，目前这些保险产品主要还是通过中心化的方式完成，例如借助精算师的能力。而且由于保险标的均为链上资产，可量化程度高，对于定价的要求相对简单。在核保方面，大多采用了投票的方式。不同的是，Nexus Mutual 模仿了互助保险的成员投票方式，而 Unslashed 将核保委托给了一个以陪审团机制解决链上争端的去中心化协议 Kleros。

相比传统金融，DeFi 目前的功能还非常不健全，能够与传统金融功能相提并论的产品体量还都很小，有很大的发展空间。这一方面受制于 DeFi 的发展时间，另一方面也受制于区块链技术。其原因在于金融行业中非常重要的一个要素是 KYC。维塔利克在 2022 年 5 月发布的论文《去中心化社会：寻找 Web3 的灵魂》（*Decentralized Society: Finding Web3's Soul*）中提到，在 Web 3.0 中有必要创造一种与人深度绑定的身份通证，能够真正在加密世界还原现实世界的人际关系，同时能够将个人信用与这个通证绑定。

笔者认为，金融是一个具有高度专业性的领域，在去中心化的进程中，需要保留一定的中心化机制。比如使决策中心化，而执行自动化和去中心化。在授信流程上依赖社区中的少数精英，而在资金流向的监督和管控上依赖智能合约执行，杜绝在执行过程中的舞弊行为。

第七章

NFT

NFT 是资产吗？

NFT 的出现标志着 Web 3.0 从一个互联网事物成长为有数字孪生能力的初世代元宇宙。

现实世界与数字世界的差异在于，现实世界不存在完全相同的两个物品，即使是同一个工厂同一批次的商品也会有可能出现不同。而数字世界则可以完全复制同一物品。比如，一张图片在复制粘贴后和原来图片的所有像素、属性都一致。

我们如果要实现元宇宙的最终目标，就需要把现实世界物品的这个特点也搬到数字世界里。区块链能帮我们做到这一点，这就是非同质化通证（Non-Fungible Token，NFT）。

让我们通过解释同质化通证（Fungible Token，FT）和非同质化通证之间的区别来更好地理解非同质化通证。

BTC、ETH 等加密资产多数是同质化通证。顾名思义，同质化通证是可以与同一事物的另一个单位互换的。例如，一单位 BTC 等于另一单位 BTC，就像一张 100 美元的价值等于另一张

100 美元。美元可以进行简单互换，即使序号不同也不影响，对持有者来说没有区别。同质化通证是一种能够互换、具有统一性的通证。而且由于它以数字的形式存在，还可以拆分成近乎无穷小的许多份，每一份也都可以代表相应的价值。

与同质化物品不同，非同质化物品或通证彼此之间是不能互换的，它们具有独特的属性。即使看起来相似，但彼此之间也有根本的不同。

非同质化通证包含了记录在其智能合约中的识别信息。这些信息使每个通证具有唯一性，因此不能被另一种通证直接替代，没有两个 NFT 是相同的。此外，绝大多数非同质化通证也不可分割。

每个 NFT 都有区别于其他 NFT 的数字哈希值。因此，NFT 可以作为出处证明。就像现实世界中的证书一样，它不仅能证明原创艺术品和游戏通证等知识产权的所有权和真实性，还能代表股票、房地产等实际资产。现实世界中，真实资产拥有所有权证书。同样，在区块链世界中，NFT 也可以作为所有权记录和真实性证明。在艺术品领域，NFT 也被称为数字藏品。

NFT 不仅存在于数字世界，它们也可以代表任何类型的物理资产。NFT 可以与物理世界中存在的任何东西相连接，形成一种“数字孪生”，并在数字世界的市场上实现实物资产的所有权交易。

NFT 是智能合约的一种，目前常见的 NFT 合约标准主要是 ERC-721 和 ERC-1155 协议。

ERC-721 协议的主要特点为一个智能合约对应一个通证。另外，ERC-721 还可以追踪物理资产的交易和管理。ERC-721 主要用于数字藏品等投资收藏属性较强的领域。

ERC-1155 和 ERC-3664 协议则更偏向于功能属性较强的应用场景。

ERC-1155 协议的主要特点为一个智能合约可以对应无限多的通证。ERC-1155 标准可以让以太坊上的数字资产与其他生态系统兼容，能够跨多个区块链进行操作。提供了更灵活更广泛的应用场景，尤其在现有的 Web 3.0 游戏中使用比较多。

ERC-3664 协议被称为下一代游戏 NFT。他提供了几个更贴合元宇宙的功能：NFT 属性可升级、可修改、可添加、可移除、可组合、可拆分。用户只通过智能合约就可以定义一个具有等级功能、升级功能、组合功能的强大元宇宙 NFT，同时能够定义一种属性可变的 NFT，例如可以拼装的游戏道具 NFT。

NFT 所对应的数字资产不一定都存储在区块链上。存储在区块链中的 NFT 是安全级别最高的，比如 CryptoPunks 和 Uniswap V3 版本的 LP NFT。

还有的 NFT 储存在基于 IPFS（Inter Planetary File System，一种分布式文件存储系统，在第四章有介绍）协议的节点服务器中，安全级别相对高。比如 Doodles、无聊猿等头部 NFT 项目使用的就是 IPFS 协议存储。

安全级别最低的存储方式是存储在中心化服务器上，比如各种云服务器——一个符合 Web 3.0 精神的 NFT 项目是不应该使用这种存储方式的。

用户购买了 NFT 以后，并不一定意味着他拥有了 NFT 底层素材的著作权。如果著作权完全保留在创作者手中，那么购买者很难基于该 NFT 资产进行扩展，无论是二次创作，还是商业化。

现在常见的著作权声明有 3 类：

（1）版权完全开放。即著作权跟着 NFT 持有人走，谁持有 NFT 资产，谁就拥有该 NFT 素材的著作权，并且可以进行无限制商业化，典型的案例是：无聊猿。

（2）创作者团队完全保留著作权。NFT 持有人不能拥有该 NFT 资产包含的任何元素的任何著作权，典型的案例是：加密朋克 CryptoPunks。不过，在无聊猿的团队收购了加密朋克的团队及其著作权之后，无聊猿团队决定将加密朋克著作权无偿授权给加密朋克的持有者。

（3）创作者团队有限开放著作权。允许 NFT 持有人进行有限制的商业化活动，典型的案例就是：Doodles。他允许 10 万美元以下的商业化活动，而超过 10 万美元部分则需要联系团队商谈版税。

创作者经济的春天

NFT 目前最为人推崇的应用场景是创作者经济。如今，创作者经济的市场规模已达 1042 亿美元。未来五年内将有 10 亿人自我认定为创作者，仅在 2021 年就有创纪录的 13 亿美元投入到了创作者经济领域。然而，创作者的努力并没有得到合理的报酬。例如，拥有 100 万订阅者的 YouTube 博主平均年广告收入仅为 6 万美元，而 Spotify 上超过 700 万音乐人中，只有约 0.2% 的人每年的版税收入超过 5 万美元。Web 3.0 能解决 Web 2.0 创作者面临的诸多困境，并使创作者经济变得更加透明、更加公平。

在 Web 2.0 创作者经济结构中，当创作者完成作品发表后，文件储存、用户访问数据、变现流程都由平台以中心化形式整合，平台是这些作品著作权的实际掌控者。不仅如此，一些平台还可能利用自身的优势，强迫用户签订一些不公平协议，例如独家权，只允许作品在该平台发布；或者被要求放弃自己作品在未来的改编权等。

另外，也因为内容的著作权不完全归属于创作者，导致内容著作权无法追根溯源的问题。一些 Web 2.0 中的“拿来主义者”，通过在不同平台、不同账号进行搬运与抄袭实现自己的流量变现。

在 Web 3.0 中，创作者上传的内容能实现去中心化存储，永久上链，创作者具有对内容的著作权。创作者可以将其内容制成 NFT 分发，NFT 的智能合约和创建钱包地址具有一定的确权作用。

NFT 技术出现之后，就深受创作者们的青睐。以音乐创作圈为例，2021 年 2 月摇滚乐队林肯公园成员麦克 · 信田（Mike Shinoda）率先将自己创作的一段音乐制成 NFT 在平台发行拍卖，最终以 1 万美元的价格成交。此后不久，知名 DJ、制作人 3LAU

更是将 33 张限量唱片制成了 NFT，以 1160 万美元的天价成交。随后，NFT 就在音乐创作圈迅速普及开来。

尽管从表面上看，这些案例仅仅是头部艺人获得高额收入的故事，但和以往不同的是，这些头部艺人的收入不再是经由某个中心化平台获得的。类似的操作，其他的创作者同样可以效仿。尽管与那些头部创作者相比，他们的 NFT 收入或许不会太高，但由于抛开了中心化平台的高额抽成，他们的收益仍可能是增加的。除此之外，当通过 NFT 掌握了自己作品的完整著作权后，创作者们就不再担心平台可能提出转让著作权等无理要求。因此，万一他们的作品未来一夜爆火，他们也不再会因放弃了著作权而错失这些收入。

Web 2.0 的平台掌握所有用户信息偏好，主导流量分配规则，内容知名度和变现度在很大程度上取决于算法，引发了不公平利益获取的恶性循环。

YouTube 上 10% 的头部博主获取了 90% 的利益，剩余 10% 的利益由其他 4000 多万博主进行瓜分，其中的利益分配不公平现象可见一斑。头部主播得益于早期增长的红利，吸引了一批稳定的内容消费者，抢夺后发优质创作者的关注度。尽管一些头部博主的内容创作存在可替代性和优化空间，但考虑到用户关注基数、广告商资源以及中心化平台的流量算法更偏向那些已经获得了注意力的创作者，其结果就导致只有少数创作者能爬到顶端。同时，除了极个别的头部创作者之外，大部分创作者在面对平台的时候都没有足够的谈判权，也很难为自己的作品获得合理的报酬。

创作者收益分配不公平的问题在 Web 3.0 时代下有所改观。去中心化平台内容分发机制更加灵活，加上平台奖励机制，让更多创作者能够享受到创作红利。创作者可以通过工具将其内容制成 NFT 发售，获得收益。社交平台和内容发布平台的打赏机制、代币奖励机制，为优质内容创作者提供收入。

在互联网上，很多内容都是在前人的基础上完成的。例如，我们在 B 站上看到的很多“鬼畜”视频，其实都是对某部电影的剪辑和再创作。按理说，后续的创作者在修改前人的作品时，是应该给予其一定的报酬的，但在传统的互联网条件下，很难追溯作品的改编历史，所以这一点很难实现。而在 Web 3.0 时代，这个问题就能得到一定程度的解决。比如，基于 Mirror 和 Foundation 的收益分流功能，用户不仅可以清晰地还原出某个作品的生产到底是基于多少前辈 meme 才得以实现的，还可以通过智能合约，对被改编的对象给予相应的回报。这样一来，做原创就可以从一项赔本赚吆喝的买卖一下子转变成可以切实盈利的生意，人们做原创的积极性也就会随之被调动出来。

Web 2.0 平台有特定的人工审查制度，可通过内容管理或全面审查来直接干预变现。这种方式多变且缺乏透明度，因为审查人员很有可能会根据自己的意愿或道德判断来决定哪些内容可以查看或推广。时间一长，就会发现无论是算法还是人工干预，都会产生不公平待遇。

变相审查把关行为在公众领域饱受批评，一些博主内容被删或者账号被删的事情屡见不鲜，与创作者绑定的相关数据也荡然无存。这种不透明的操作在一定程度上影响了创作者的积极性。

Web 3.0 的平台由社区来主导，以 DAO 的方式运行，创作者和他们的受益用户都有机会根据他们的贡献获得更大的收益。目前，人们已经借助区块链等技术建立了很多用以帮助创作者的去中心化平台，例如音乐领域的 Audius、VoiceStreet，短视频领域的 Chingari，以及创作者工具平台 Thirdweb 等，都是其中著名的代表。

从表面功能上看，Audius 和传统的音乐平台十分类似：用户可以浏览热门的单曲和播放列表或者直接搜索。而在登录之后，他们则可以进一步作为粉丝去关注某个歌手，也可以在平台上传和发布自己的作品。

但是从本质上看，Audius 又是和传统的音乐平台根本不同的。作为一个 Web 3.0 时代的去中心化平台，Audius 并不是由某个中心化团体运营的，而是一个运行于区块链之上的去中心化平台。它的用户信息存储在以太坊或者 Solana 链上，音乐和图片数据存储在基于 IPFS 技术自建的分布式存储网络上，从而实现了去中心化和不可篡改。

在没有中心化的组织来进行调控的情况下，Audius 主要用基于区块链的通证来激励用户，并对平台进行治理。每一个用户只要创造了新的作品，平台就会自动奖励其一定数量的通证。当然，用户以往的作品越好，受欢迎程度越高，他通过作品可以获得的通证就更多。这种措施，就保证用户有一定的热情去提升自己的创作水平，增加自己的影响。

在用户获得了通证之后，就可以将其中的一部分进行质押，从而获得参与平台治理的权力。依据其质押通证的多少，他可以获得相应的投票权。理论上讲，所有关于平台发展的问题都可以在区块链上进行投票。然而，这种看似民主的机制其实是有问题的。一方面，由于平台运行中的问题很多，而区块链投票的成本又很高，事事都发起链上投票其实是非常没有效率的。另一方面，由于投票权是根据用户质押的通证多少来分配的，这就使得用户之间的"贫富差距"会严重左右民主投票机制的运行，从而产生少数富有用户控制多数贫穷用户的局面。

针对这两个问题，Audius 很巧妙地设计了一种双层投票的方式。具体来说，Audius 开设了一个论坛，在论坛上，用户可以自由发表自己的观点，并提出自己感兴趣的议案。所有用户可以在论坛进行投票，决定哪些问题需要被提交到链上来进行表决。很显然，经过这样的筛选，就只有相对较少的一些问题可能会进入链上表决环节，大部分的争议可以在论坛通过投票解决。不仅如此，由于论坛投票完全是根据人数来决定结果，即使某些用户再富有、质押的通证再多、在链上的投票权再大，他关心的议题都可能在论坛投票环节就被否定。通过这样的机制设计，Audius 就可以有效避免被某些个人或者某个小团体控制，以及由此带来的再中心化的风险。

随着 Web 3.0 的发展，创作者经济的春天即将到来。

不止图片而已

虽然目前我们熟知的 NFT 大多是图片，头像之类的东西，但 NFT 远不止图片而已。根据 NFT 的应用场景可以大致分为以下几类：

数字艺术 NFT

无聊猿游艇俱乐部（Bored Ape Yacht Club，BAYC）的单个 NFT 最高成交价已经达到了 150 万美元，该系列共有 10,000 个 NFT，他们的总成交金额达到了 11 亿美元。

无聊猿是数字艺术 NFT 的一种。按照具体表现形式，数字艺术 NFT 还包括：图片、文字、摄影、音乐、视频。目前人们熟知的绝大多数 NFT 都在这个分类中，比如周杰伦的幻象熊（Phanta Bear），大名鼎鼎的加密朋克 CryptoPunks 等。

正因如此，国内也将 NFT 称为数字藏品。目前国内主要的几个 NFT 发售平台上的商品都属于这个类别。

游戏道具 NFT

2020 和 2021 年，腾讯分别向多家第三方游戏交易业务的平台提起诉讼并胜诉。起诉理由是腾讯旗下游戏中的账号及虚拟物品的归属权都属于腾讯，玩家只有使用权。

全球游戏玩家每年在虚拟商品上花费数千亿美元，但他们却无法真正拥有游戏道具，这些道具被游戏公司所拥有，而且道具也不支持跨游戏操作和组合。

而游戏道具 NFT 允许用户真正拥有游戏道具。比如 STEPN 的跑鞋，玩家购买了跑鞋以后跑鞋即成为私人财产，可以再将跑鞋卖给其他玩家。玩家可以使用买到的跑鞋在 STEPN 游戏中跑步积攒里程获得收益。如果有其他游戏项目想基于 STEPN 的跑鞋开发游戏，他们也可以自由发挥，不需要得到 STEPN 团队的任何许可。未来游戏会围绕用户拥有的道具来构建，而不是让用户依赖游戏。

访问权 NFT

2020 年，作为国内顶级动漫及游戏盛会的 ChinaJoy 售出了 120 万张 NFT 门票。由于每张 NFT 门票都可以查询到门票的出票记录、交易时间等信息，让以往风光无限的“黄牛”们没了生存空间。

这就是一种访问权 NFT，你购买了之后就拥有了某项访问权限。它的应用范围还不仅是在门票上。比如你购买了某个明星的 NFT 之后，就可以参加明星的粉丝群；购买了某个俱乐部的 NFT 后，就成了俱乐部的会员，可以与其他会员进入同一个圈子。

数字孪生 NFT

这一类 NFT 将数字资产与实物或物理世界的服务挂钩。

2020 曾经兴起过以 UniSocks 为代表的一类 NFT，该 NFT 与现实世界中的某种商品一比一绑定。比如一个 UniSocks 对应着一双袜子，一个 FAME 对应着一件 T 恤衫。

UniSocks 袜子的售价从发行时候的 60 美元，一路飙升至最高 17 万美元。该 NFT 的持有人有权力将其赎回为实物产品，赎回后其数字 NFT 将被销毁。更多的 UniSocks 持有人选择了持有自己的 NFT，一个增值了数千倍的数字资产，而不是穿过后有味道，洗过后会变形的实物袜子。

身份证 NFT

ENS（Ethereum Name Service）是一个以太坊的域名系统，类似 Web 1.0 的域名系统将 ip 地址映射为一串英文字符，它将以太坊地址映射到一个人们能理解的域名上。比如 vitalik.eth 映射的以太坊钱包地址是 0xd8da6bf26964af9d7eed9e03e53415d37aa96045。ENS 域名以 NFT 的形式储存在你的钱包里。你可以从钱包里的 ENS 域名中选一个，让你的钱包地址映射到这个域名上。ENS 域名也是可以交易转让的。这就是一种类似身份证的 NFT。除了在以太坊有这种域名系统外，Polygon 和 Solana 等公链也有各自的域名系统。

2022 年 5 月，帕劳共和国数字身份证 RNS.ID 宣布将发行 NFT Pass，持有者将获得帕劳共和国数字身份，拥有数字银行，离岸公司等服务的优先权，并在未来获得更多权益类 NFT 的优先铸造权。他们同时成为无聊猿 BAYC #8337 这个 NFT 的持有人，授权让 BAYC #8337 这只无聊猿成为即将发行的 NFT Pass 的形象大使。

未来我们还将看到更多的用 NFT 当身份证的案例出现。

NFT 投资逻辑

对于许多人来说，很难理解 NFT 是如何卖出数千万美元高价的。

NFT 的价值和价格由多重变量构成，包括所有权、身份、稀缺性、美学、社区、技术和作用。以下我们详细列举一些 NFT 玩家在评估 NFT 价值和价格的时候会关注的要点。

共识度

可投资的 NFT 其很重要一部分价值来自于它的共识度。广泛的共识度给 NFT 带来了人气，也就是需求。高需求配合限量的供给就能提升 NFT 的价格。NFT 本身好不好看，艺术性高不高是辅助它达到这个共识度的一个因素，但最终的目的是为了让人们都认可这个 NFT 是有价值的。

与共识度相关的一个概念叫 meme，即人群中传播的一种亚文化，具体解释可见书末附录。meme 可以推高共识度，共识度也可以孕育 meme，它们相辅相成地扩大了某个 NFT 的受众范围和忠诚度。

早期的 CryptoPunks 甚至是免费发放的，而当人们公认它是 NFT 界的身份象征和开山鼻祖之后，其价格就到了一个数百元美元起。

可以说一个优质的 NFT 实际上就是一个已经注册好且深得人心的品牌。商家为了获得认知度给品牌砸多少广告，这个品牌的价值就有多少。要选择更加容易获得共识的 NFT 进行投资。

稀缺性

NFT 的 3 种主要协议标准是 ERC-721、ERC-1155 与 ERC-3664。其中 ERC-721 合约因其一个合约只允许产生一个 NFT 而具有最强的稀缺性和独特性，ERC-1155 合约和 ERC-3664 合约允许一个合约产生无限份 NFT。

那么，同样是 ERC-721 合约的不同的无聊猿单体为什么相互之间的价格差异那么大呢?

有一些类似无聊猿的 NFT 项目是由一系列相似的 NFT 成套组成的，系列内的 NFT 个体价格差异来源于属性的稀缺度。比如 A 属性在这一套 NFT 里面只占 2%，B 属性占 30%，那么拥有 A 属性的 NFT 就比拥有 B 属性的更稀缺，也更昂贵。

这里补充一个小知识，我们经常会听到“地板价”这个说法，它来源于 NFT 交易平台的 Floor Price。交易平台会将一个系列的 NFT 汇总在一起，然后将其中 NFT 挂牌价最低的作为地板价标注在这个 NFT 系列上。由于 NFT 系列内的个体 NFT 价格不一样，挂牌价也不一定是成交价，因此地板价低的 NFT 系列中挂牌价最高的 NFT 可能会比地板价高的 NFT 系列中挂牌价较低的 NFT 还要贵。业内通常以地板价作为衡量一个 NFT 系列的价值量尺。

发展前景

投资 NFT 就像投资股票，看的是未来，所以前景很重要。NFT 的增值前景主要来自于应用场景和共识度的扩展，就像股票一样，HFT 需要不断注入新故事与时俱进。具有可塑性并且可延展故事框架的 NFT 就更容易扩大自己的认同范围，容易关联未来可能火热的概念以提升自己的价值。

一个 NFT 项目的内容越接近数字原生、越具备一定的随机性、抽象性，其可扩展性越强。例如无聊猿，每一个都可以具备不同的风格，给人丰富的再创作空间。你可以让某只猿猴担当形象大使或出镜某部电影。

相对而言，周杰伦的幻象熊，其形象主要脱胎于现实世界的周杰伦，虽然发行量仅有 10,000 个，也穿了各种不同的衣服，但这些都是他本人。其发挥空间被大幅度削弱，几乎不具备可扩展性。幻象熊因周杰伦而成名，也因周杰伦而限制了它的发展。无聊猿本身是一个系列，每只猿都不同，它是以系列而成名。

使用价值

早期的 NFT，比如 CryptoPunks，仅仅是一个代表了 NFT 起源共识的头像。现在的 NFT 通常都不只是一个艺术品，而是会有它的故事和应用。

STEPN 项目中的跑鞋就是一类有应用场景的 NFT。跑鞋 NFT 的持有者可以携带安装有 NFT 的手机通过跑步积攒步数获得收益。

还有一些 NFT 的使用价值来自于它作为访问权凭证的价值。

以无聊猿为例，无聊猿持有者会被邀请进入一个社区，社区成员有机会进入私人俱乐部，参加社交活动和聚会。持有者的投资为他们提供了与其他无聊猿持有者建立联系的机会。

背景

股票的价值和股息能够稳健增长，主要靠管理团队的战略和运作。NFT 则是靠的项目方团队的运营能力。尤其是 NFT 在早期的时候，共识度还没有非常高，更需要团队的宣发，将这个 NFT 系列推给更多的人，扩大应用场景。

一个新的 NFT 项目有没有出圈爆火的潜力，要看团队能不能凝聚起强大的共识，描述动人的故事以及宏大的愿景。如果其发行团队之前有成功的发行经验，则能为 NFT 项目加分很多。

对于一个很成熟的 NFT，发行团队也就不那么重要了，持有者社群可以自治。就像一个几十年老企业，谁来领导并不重要，萧规曹随就可以了。当然，这种 NFT 也没什么增长空间。

最后还有两个大多数时候不会引人注意，但在关键时刻有可能起决定性作用的要点，数据存储方式和版权开放程度。

数据存储方式

NFT 的 3 种存储方式是区块链存储、IPFS 分布式存储节点存储、中心化服务器存储，安全性依次降低。安全性越高则越符合不可篡改的特性，也越有独特性。

最为经典的 CryptoPunks 系列 NFT 就是存储在区块链上的。

版权开放程度

NFT 就像一个商标，一个代言人。NFT 的使用价值有很大一部分来自于使用 NFT 实现商业化所产生的收益。NFT 的版权开放程度越高，持有者所能进行商业化活动的范围就越大，对于持有者就越有利。

但是从投资的角度而言，版权如果完全开放，也就失去了为商业化活动而投资的意义，原因是为了商业化活动而存在的版权，其底层逻辑就是限制授权范围从中获利。

一个典型的完全开放版权的 NFT 系列是 Mfers。创作者 Sartoshi 在铸造页面写道："Mfers 完全由 Sartoshi 手绘完成。该项目进入公共领域；请按照你想使用的方式随意使用 Mfers"。后来，他在一篇 Mirror 文章中提到是加密朋克 Punk4156 和 Punk6529 的持有者鼓励促使他做了这个决定，并提到了 CC0 许可。

在这里简单介绍一下 CC0。CC（Creative Commons）是一个设立在美国加州的非营利组织（NGO），20 年间都致力于为创作者提供标准化的著作权许可模板，便于创作者更好地保护自己的著作权，也便于著作使用者合法合规地使用著作。CC0 是其中的一个标准化许可。CC0 的含义是创作者放弃著作权，使用者可以在任何媒介以任何形式传播、重组、融合以及在原创作上进行再创作，并且不加以任何限制性条件。

CC0 的标志

NFT 交易平台

国际平台

下面我们介绍几个国际知名的 NFT 交易平台，它们各有特点。

OpenSea

网址：https://opensea.io/

OpenSea 是目前全球规模最大的 NFT 交易平台。支持许多公链上的 NFT 在平台上进行一级市场和二级市场交易。这些公链包括了主流的以太坊、Polygon 和 Solana。OpenSea 对发行方的审核不严，任何人都可以在 OpenSea 上发售 NFT。OpenSea 会对一些账号发放蓝色对勾标志，代表是经官方验证的账号，但它们的验证标准并不涉及该账号的权威性和知名度，仅仅只是确保该账号是一个常用账号，有一定的使用记录。因此在 OpenSea 上进行交易的买家通常需要依靠其他信息渠道判断某个藏品的价值和真实性。

Nifty Gateway

网址：https://niftygateway.com/

Nifty Gateway 是 Gemini 交易所旗下的 NFT 交易平台。与 OpenSea 不同的是，Nifty Gateway 可以帮用户存储他们的 NFT

资产，而 OpenSea 上售卖的 NFT 只能存储在用户自己的加密钱包中。

在 Nifty Gateway 上发售 NFT 有严格的审核机制，卖家需要向 Nifty Gateway 提交申请表，通过审核后才能上架 NFT。同时，Nifty Gateway 支持美元交易，可以直接使用美元银行卡购买 NFT，而不需要先将美元转换成通证。

Axie Marketplace

网址：https://marketplace.axieinfinity.com/

Axie Marketplace 是专门用于交易 Axie Infinity 游戏中道具 NFT 的交易平台。Axie Infinity 是一款养成及对战类 Web 3.0 游戏，也是 Web 3.0 游戏中最成功、影响力最大的。在 Axie Infinity 的世界中有 14 万个 Axies 小精灵，每个 Axie 都有独有的特征，这些特征决定了 Axies 在战场上的行为。Axies 和土地地块是由 NFT 构成的。

Magic Eden

网址：https://magiceden.io/

Magic Eden 是 Solana 链上的 NFT 交易平台。虽然 OpenSea 也可以交易 Solana 链的 NFT，但更多的 Solana NFT 选择在 Magic Eden 上交易，所以 Magic Eden 又被称为 Solana 上的 OpenSea。目前 Solana 的生态体系相对于以太坊而言还只能说是婴幼儿，但随着 Solana 的 NFT 生态逐渐扩大，Magic Eden 上的一些项目的人气度已经不输 OpenSea 了，如 Okay Bears 系列和

Trippin'Ape Tribe 系列。

X2Y2

网址：https://x2y2.io/

与以上交易平台不同的是，X2Y2 并不是由一家公司运营的，他的所有权属于一个 Web 3.0 社区，所以他是一个去中心化，DAO 自治的交易平台。与 OpenSea 相比，X2Y2 的运行机制更符合 Web 3.0 精神。尤其是当 OpenSea 宣布将要 IPO 上市之后，X2Y2 和 LooksRare 等去中心化交易所得到了一些 Web 3.0 用户的支持。

Gem

网址：https://www.gem.xyz/

Gem 自身不是一个交易平台，而是一个聚合器。可将各个 NFT 交易平台的 NFT 汇总到一起，买家批量购买，卖家批量挂单都能够节省不少的手续费。而且 Gem 支持所有 ERC-20 协议下的通证交易，节省了用户自行转换的费用。

目前 Gem 已经汇集了 OpenSea、Rarible、LooksRare、X2Y2、NFTX 和 NFT20 上的 NFT。

国内平台

由于国内的监管政策，国内 NFT 以数字藏品的方式存在，又称 NFR（Non-Fungible Rights，非同质化资产权益）。数字藏品 NFR 的交易环境目前还不成熟，对于买卖双方的保护还不健全，相关法规尚未完全认可所有的交易方式。但是也有一些平台做出了积极的探索尝试，其中不乏互联网巨头的身影。

NFT 明星项目

Azuki

Azuki 是日系动漫头像类 NFT，中文称红豆。Azuki 的愿景在于打造由社区创造、社区拥有的最大程度去中心化的元宇宙品牌。积极探索品牌向 Web 3.0 发展，连接现实和虚拟世界，开展线下活动、品牌合作、周边产品开发等。如果说 BAYC 是西方的代表，那 Azuki 就是东方文化的典型。

团队介绍

Azuki 的核心团队 Chiru Labs 坐落于洛杉矶，团队中的 Arnold Tsang 曾担任《守望先锋》的艺术总监，Joo 曾参与《街头霸王》的创作。软件技术方面有来自 Facebook 的前软件工程师 Location TBA，另一位工程师 2pm.flow 则是前 Google 工程师，并由曾经在 Google 任职的 Pizookie 负责社群运营。不论是从 Azuki 备受众人喜爱的艺术风格，还是开创性的 ERC-721A 智能合约，再到具有极高共识的社区，这几位核心成员可谓功不可没。

但在 2022 年 5 月，Azuki 的创始人 zagabond.eth 写了一篇名为《一个建设者的旅程》（“A Builder’s Journey”）的文章，介绍其在进入 NFT 领域的心路历程，且首次披露曾经做过三个 NFT 项目并放弃运营。不少圈内名人质疑其一年间参与了三个 Rug 项目，受此影响 Azuki 的地板价从 20ETH 附近腰斩至 10ETH，引起了一阵轩然大波，令项目陷入信任危机。

项目发售

Azuki 于 2022 年 1 月发售 10,000 份，并分为三个阶段进行，其中第一阶段的 8700 份采用荷兰式拍卖，从 1ETH 开始竞拍，每过一段时间自动降价直至售罄为止。每个用户最多可以铸造 5 个，但由于项目热度空前高涨，拍卖仅花 3 分钟就全部都以 1ETH 售罄。第二阶段是白名单预售，在社区运营时每个白名单获得者都是由项目团队精心挑选，社区成员拥有极高的共识，再加上第一阶段拍卖引起的 FOMO 情绪，第二阶段的预售很快被铸造一空。至此，第三阶段的公售环节只剩下 17 个 Azuki NFT，团队也因此取消了公售改为在社区内抽奖发放。

Azuki 因何而火？

精良的图片画风

Azuki 的日式动漫风格辅以精良的制作使得用户受众非常广，

作为头像类NFT，Azuki还有各种不同的角色特征以及丰富的配饰，包括武器、着装、背景、元素、发型等，似乎赋予了每张图片全新的生命力和故事感。因此，持有者更乐意将其换做社交媒体头像有利于IP的传播。

成功的社区建设

Azuki社区在经历了长时间的运营后，已经通过Pizookie精心设计的白名单机制挑选出了具有极高共识度的社区成员，要想建设一个长期的去中心化品牌不能单单依靠项目方的运营，更重要的是社区成员的共同努力和维护。

创新的智能合约

由Location TBA开发的ERC-721A智能合约，使用户只需要支付一次Gas费就可以铸造多枚NFT，降低了用户的铸造成本。

回馈社区成员

项目方向每一位持有者空投两个BEANZ Official NFT，据介绍，未来BEANZ会发展成为独立的品牌和游戏。BEANZ的空投一方面回馈了持有者，另一方面也让Azuki持续地扩大了市场。

Azuki#40碎片化

Azuki尝试将编号为#40的人物Bobu进行碎片化，创建为Bobu碎片，希望将来Bobu这个IP的发展由持有者共同治理决定。

现实世界

Azuki 正在极力探索与现实世界的结合，包括潮牌服装、聚会、展览、音乐节等。

虽然在 2022 年 5 月团队陷入了信任危机，但是如果撇开这次的事件，单看 Azuki 发展至今的所有表现，从团队的路线规划、项目的图片质量、社区的建设和运营等，都不失为是一个非常优秀的 NFT 项目。但 Azuki 未来的路会如何走下去，市场表现是否还能一如往常，一切依然还是未知数。

Bored Ape Yacht Club

Bored Ape Yacht Club（BAYC），中文译名无聊猿游艇俱乐部，简称“无聊猿”。由母公司 Yuga Labs 打造，总计发行 10,000 个具有随机特征的 PFP 项目，包括表情、头饰、服装、背景等 170 种不同特征的稀有度属性，并以 ERC-721 标准储存于以太链上。无聊猿在 2021 年 4 月份以 0.08ETH 首发，时至今日已成长为地板价在 80ETH 以上的现象级 NFT 系列。

随着 NFT 市场的不断成熟，我们不仅得到一件纯粹的艺术品，除了收藏和炒卖以外，还衍生出一种包含身份认同和社区归属的属性。无聊猿的成功，不只是因为 Yuga Labs 的持续运营炒作，还得益于整个市场环境。

团队介绍

Yuga Labs 成立于 2021 年 2 月，创始团队只有 4 人，分别是媒体从业者 Gargamel、加密资产交易员 Gordon Goner、软件工程师 Emperor Tomato Ketchup 和 No Sass。他们在现实生活中相互认识，且都对加密世界有所了解。在 2017 年，Gargamel 和 Gordon Goner 便通过交易加密货币赚了一笔钱，后来又因为杠杆交易赔光。由于有过大起大落的经历，他们开始畅想，人们在获得财富自由之后会去做什么呢？在见证了 CryptoPunks，CryptoKitties 等项目成功之后，他们决定尝试做一个头像类 NFT 项目，并将他们的故事融合进去。

故事背景

十年后，每个投身于加密领域的猿猴们都已经财富自由，但是财富自由却让猿猴变得无聊，于是它们在沼泽地建立了一个秘密俱乐部，伙伴们可以在俱乐部里一起玩耍，并在 Bored Ape Yacht Club Bathroom（无聊猿游艇俱乐部卫生间）的墙壁上进行涂鸦。

无聊猿为什么这么火？

无聊猿的出现对 NFT 领域具备重要的意义和价值，随着项目人气的不断高涨，Yuga Labs 经常推出新鲜玩法，通过不断地释放利好，对市场进行持续刺激。我们总结了以下无聊猿从发售至今的各项举措：

商业版权

无聊猿在发生交易后，自动将其著作权授权予买家，持有者可以利用它制作衍生产品，进行二次创作。而在市场中交易所产生的版税正是项目方的核心收入来源，也正因如此 NFT 的流动性尤其重要。

项目发售

无聊猿的发售区别于当时主流的 Bonding Curves（联合曲线，即每位买家所需支付的价格都比前一位买家高，以此激发人们的 FOMO 情绪）拍卖模式，而是采用固定价格，每一个无聊猿的售价都是 0.08ETH，降低门槛让更多人可以参与进来。但是即便如此，起初无聊猿并没有在市场上引起太多关注。直到发售一周后，知名收藏家 Pranksy 在推特宣布自己购买了 250 个无聊猿。随后项目人气激增，仅在推文发布两小时左右便销售一空，这也是无聊猿首次感受到名人效应带来的好处。

名人效应

每一次新闻推送某个明星购买了无聊猿都会在市场引起一定程度上的 FOMO 情绪，大部分在加密资产领域有所涉足的明星均持有无聊猿，包括周杰伦、余文乐、贾斯汀·比伯、史努比·狗狗、麦当娜等。名人加持在项目早期的作用特别明显，因为在这个匿名的世界，有名人背书无疑加强了玩家对项目的信任度，同时也是更容易让 IP 出圈的一种营销策略。

社区共识

NFT 的价值取决于社区共识，作为头部 IP，发售时的低定价策略很容易造成价格几十倍、上百倍地上涨，成就一波造富神话。持有者们大多会将自己的社交媒体账号头像更改为无聊猿，因为这不仅包含了一种对文化的认可，更是财富和身份的象征。当所有人自发地更换头像，世界各地的持有者组成自己的小社区。这种由 IP 引领的社区共识，无疑不在反哺着项目创造更强的生命力，同时也在社媒上掀起了一阵 Ape Follow Ape 的社交潮流。

附属产品

每位无聊猿持有者都被赠送“血清”，可以用来生成变异后的猿类，称为变异猿游艇俱乐部（Mutant Ape Yacht Club，MAYC）。MAYC 一样被允许以较低的会员等级进入无聊猿生态系统。

每位无聊猿持有者还可以免费领取一只名为 Kennel（意为犬类）的伴侣犬，称为 BAKC（Bored Ape Kennel Club）。项目方将 BAKC 二次销售中获得的版税收入都会捐赠给慈善机构。

2022 年 5 月，Yuga Labs 宣布将推出元宇宙游戏项目 Otherside，并发行名为 Otherdeed 的虚拟土地，其中 30,000 块地空投给 BAYC 和 MAYC 的持有者，另外 55,000 块土地以每一块 305 枚 ApeCoin 的价格进行发售。

Yuga Labs 在短短一年多的时间内将无聊猿系列做成 NFT 领域的头部项目，除了以上这些运营和营销手段以外，还有举办线下聚会、签约好莱坞经纪人公司、《时代》杂志接受 ApeCoin 支付订阅费用等，这些背后少不了资本和平台方的推动。

虽然现在的无聊猿系列已经站在了 NFT 的高山上，但纵观整个行业发展还处于非常早期的阶段，Yuga Labs 对于营销包装、音乐、游戏等进一步商业化还存在更多的可能性。这个行业缺的从来就不是资金，而是想象力。

营销事件

Yuga Labs 在 2021 年 9 月将 101 个 BAYC 和 101 个 BAKC 在苏富比拍卖行进行拍卖，BAYC 成交价格高达 2439 万美元，远超预估的 1800 万美元，而 BAKC 则以 183.5 万美元的价格成交。

扩展生态

2022 年 3 月，Yuga Labs 透过 ApeCoin DAO 发行 10 亿枚 ApeCoin 通证，并且向 BAYC 和 MAYC 的持有者空投了 1.5 亿

枚 ApeCoin。通证除了参与 DAO 组织的治理外，未来还会在与游戏公司 Animoca Brands 合作开发的链游内作为游戏通证使用。

Cheers UP

如果说 Azuki 和 BAYC 是凭空创造了一个 IP，然后通过社区运营获得成功，那么 Cheers UP 则是含着金钥匙出生的 NFT 项目的典型案例。它让一个 Web 2.0 公司借助 Web 3.0 的运营手段和工具，在 Web 3.0 时代再放光彩。

Cheers UP（CUP）是一个由哔哩哔哩（Bilibili，B 站）官方授权、新加坡公司 Cryptonatty 在以太坊公链发行的海外 NFT 项目。该系列分为盲盒态（CUP Period）及开图态（CUP Official）两种，每开一个盲盒就会销毁一个 CUP P 增加一个 CUP O，二者之和为 5000，永不增发。

Cheers UP 中文意为干杯，代表了 B 站社区文化与理念：“相遇就是同好，值得干杯”，这也象征着共识建立的过程。“哔哩哔哩 (°-°) つロ 干杯 ~-” 汉字 + 颜文字组合的名字在 B 站的用户中早已深入人心，成为 B 站文化的形象代表。

这一系列的固定构图为正在干杯的小人，通过人物的肤色、装饰，以及所持物品如酒杯、火炬、旗帜、扳手等方式形成差异。NFT 的持有者还可以将它设为 B 站海外站的用户头像，官方会给该头像赋予钻石标志表示该用户持有该 NFT。项目方目前还在不断推出新活动，包括空投、积分兑换会员等。

B 站月活用户达到 3 亿，深度会员用户有 2100 多万。依托如此庞大的用户基数和深厚的用户认同，可以说 Cheers UP 共识度的起点甚至比 Azuki 和 BAYC 的现状还要高。该系列于 2022 年 4 月底发售，一经发售即被抢购一空，在社区内也取得了很好的反响。

虽然 Cheers UP 系列有着很高的起点，但后续发展如何还要看社区和项目方的运营状况。

万物皆可 NFT

回顾本章开篇，我们指出，现实世界与数字世界的差异在于，现实世界不存在完全相同的两个物品。那么数字世界怎样能够向现实世界接近，复刻现实世界的体验呢？看到这里，相信书本前的你也有了答案。没错！那就是 NFT。利用 NFT 的非同质化特性，我们可以用“数字孪生”在数字世界构建一个与现实世界 1:1 对应的元宇宙世界。

现实世界的经济学原理和社会关系是基于物质的稀缺性而存在的，如果无法将唯一性和稀缺性搬到数字世界，通过复制粘贴就能无限生产物品，那只能是游戏世界，而无法成为真正的元宇宙。

万物皆可 NFT。这里的 NFT 指的不仅是艺术品。这个理念不是说万物都可以成为艺术收藏品，而是有着更远大的目标。我们可以将世间万物以数字孪生的方式在数字世界重建一遍。所有的一切都可能以 NFT 的形式存在，也可以以 NFT 的产生方式创造出来。

中国是一个“万物互联”普及度较高的国家，这得益于将互联网应用融入现实生活的实体经济推动的物联网发展。中国更是全球接入物联网设备数量最多的国家。智能手机、计算机、空调、新能源汽车、公路设施、智能电网……每一个设备都可以通过分布式网络，成为 Web 3.0 区块链的计算节点。可以想象这对于中国商业的未来运行意味着什么：这些数量巨大的智能设备同时基于物联网和区块链网络。每一台设备就是一个 NFT，它们基于物联网系统互相连接的关系，被基于区块链系统的智能合约自动触发彼此的指令，让运行在数亿智能设备之上的商业交易不需要人为的干预和确认就可以运行。

如果你相信 Web 3.0 不仅是加密货币世界，而更是一个基于区块链网络的复杂商业链条、社会系统和交易契约的集合，那么便不难意识到整个物联网都应该被架设在 Web 3.0 的区块上。谁有着最发达的物联网基础设施，便有机会创造更发达和更多场景应用的区块链网络。《纽约时报》专栏作家斯蒂芬·威廉姆斯（Steven.P. Williams）在《区块链浪潮》一书中描述过未来区块链应用于现实生活的场景：你坐着一辆形似日本饭团的未来电动汽车里，整个表面（包括环形挡风玻璃）都由高效太阳能板组成。太阳能板将电能存入汽车底部的电池，电池上有块导电片，上面附有一块与区块链无线连接的智能电表。开车任务主要由人工智能完成，遇到红灯停车时，汽车会自动将多余的电量无线传输至电网，这一切都由数字智能合约记录着。上传至电网的电量可以被其他车主买走，汽车可能会穿行在无数电网上，而所有电量的购入售出和交易转账都由智能合约处理，让电量流通起来。当太阳能板停止工作或风力低时，电网的数字代理商会要求汽车释放存储在电池中的电能，以补充整体电力供应。同时，智能合约可以确保车内的电能余额，让车不至于无法启动。

感受过特斯拉充电和自动驾驶功能的人对上述的情境不会完全陌生，尽管它还是超前了点。我国是世界上最大的新能源汽车生产国和消费国，也是世界上少有的不遗余力推动清洁能源大规模多场景商用的国家，还拥有全球最庞大和统一管理的电网，还在探索高速公路与汽车的“车路协同”。在我国，能同时接入物联网和区块链的设备不只有智能汽车和智能电网，还有数不胜数的电视机、台灯、空调、工业机器人、智能工厂生产线、仓储和物流基地……它们都可以是一个个 NFT，而这些多态的 NFT 背后，是商业物种和商业形态的跃迁。

第八章

通证经济——Web 3.0 的发动机

通证经济学原理——供给、需求与分配

通证是 Web 3.0 的核心，身份是通证，NFT 是通证，交易媒介也是通证。通证是激励用户参与的奖励，是驱动 Web 3.0 运行的燃油，也是连接 Web 3.0 世界各个岛屿的桥梁。通证的发放、分配与流通使用机制是一个 Web 3.0 项目能否成功的关键因素。

因此，我们有必要研究 Web 3.0 的核心发动机——通证经济（Token Economics，也称 Tokenomics）。就像一个普通的经济体系，通证经济逃不过供给和需求的掌控，供不应求则价格上涨，供过于求则价格下跌。分配是供给的一部分，由于在通证经济中尤为重要，值得单独研究。

这一节我们从供给，需求和分配三个最基本的支柱出发，构建一个 Web 3.0 的经济体系。在本章的其他小节中，我们会分别将这一套经济体系应用到 Web 3.0 的各个领域中，描绘一下通证经济学是怎样在各个领域实现的。

由于通证经济对于 GameFi（及其表兄弟 X-to-Earn）的作用和影响比它对于 Web 3.0 其他领域更为重要，因此笔者将这两部分内容归入本章的其他章节。

截至 2022 年初，市面上存在超过 6000 种同质化通证，更不用提数目繁多的非同质化通证 NFT。根据美国的一项统计数据，仅在 2021 一年，Web 3.0 参与者就在欺诈跑路的项目中损失了 120 亿美元，这还不包括成千上万非恶意欺诈但仍然失败的项目。掌握通证经济学，能让读者更好地分析 Web 3.0 项目的价值，在参与 Web 3.0 项目时擦亮眼睛，同时也能为一些有志于进入 Web 3.0 行业的读者打下一定的知识基础。无论你是想了解 Web 3.0 的精髓，还是仅仅想挑选出优质有潜力的 Web 3.0 项目去参与，都值得为本章通证经济学花点时间。

通证供给

在任意时刻，一个通证经济体系中与供给相关的维度有 3 个：通证数量上限、已生成的通证数量、通证净增长速度。

有些项目在通证经济体系的设计上，增加了销毁机制，如果经济体系满足一定条件，则回收部分通证然后销毁。被销毁的通证不会继续在经济体系中存在，而是永远消失。生成通证中减去销毁通证，就是通证的净增长。

这 3 个维度通过此消彼长的变化，会组合成以下几种供给模型。

紧缩型模型

通证数量有上限，或通证净增长为负的时候，会形成紧缩型供给模型。这里有一个隐含的假设，即人们对通证的需求是在增加的。这个假设由于现在尚处于 Web 3.0 的早期阶段，通常是人们不言而喻的共识。而当 Web 3.0 的发展到一个成熟的阶段，大多数的通证都会被证明是没有价值的，这个假设也需要重新考虑。

一个典型的紧缩型通证供给模型是 BTC。BTC 的数量上限是 2100 万枚，没有销毁机制，通证生成速度每隔一段时间会减半，目前已经生成了 1900 万枚，剩下 200 万枚将在 2140 年全部生成完成。BTC 会以我们肉眼几乎不可感知的速度增长，四舍五入就是不会增加。

这种供给模型的优势在于能够维护每个通证的价值。劣势在于，由于人们都认为它的价值会增加，所以会更多地将其作为价值储藏品使用，而不是用在市面上流通，从而对其所在的经济体系的活跃度造成负面影响。

BTC 也面临这样的问题，由于它的广泛共识度和紧缩型供给模型，现在已经成为 Web 3.0，乃至破圈成为现实世界中的“黄金”，被更多的赋予了价值储藏的功能。好在 BTC 作为最古老的主链，并不像其他主链那样有智能合约，能够承载更多应用，因此它也不需要承担循环流通等实用功能。BTC 以其最老的资历，紧缩型通证供给模型和主链的无用性，天然成了 Web 3.0 的黄金。

膨胀型模型

通证总数量没有上限，且通证净增长为正的时候，会形成膨胀型供给模型。这和美元的供给模型是一样的。与之不同的是，膨胀型通证供给模型中的通证增发速度是预先设定好且无法更改的，而美元增发是随着经济环境和经济政策的目标变化而变化的。

典型的膨胀型通证供给模型是 DOGE 通证和美元。DOGE 的总数量没有上限，目前已经生成了 1300 亿枚，每年增发 50 亿枚，没有销毁机制。美元的总数量也没有上限，根据美国劳工统计局的数据，目前美元的每年净增发速度是 8.3%。

这种供给模型的优势和劣势都非常明显，和美元一样，适合作为实用型通证，促进所在的 Web 3.0 经济体系的运转，但因增发问题会导致通证持续贬值。

双通证模型

在一个经济体系内，建立两种通证，分别采用上述两种供给模型，然后通过某种转换机制将这两种通证联系在一起，就成了双通证模型。

一个典型的双通证模型的例子是 Axie Infinity 游戏中的游戏通证 SLP 和治理通证 AXS。通常在这样的模型中，治理通证承担价值储藏功能，设计成紧缩型模型，游戏通证承担流通使用功能，设计成膨胀型模型。

治理通证 AXS 的供给总量上限是 2.7 亿枚。玩家可以使用

AXS 购买游戏中的关键道具 Axies 小精灵，拥有 Axies 小精灵是能够参与游戏的前提。同时，持有 AXS 的玩家可以参与有关游戏治理的投票表决。随着进入游戏的玩家增多，可购买的 Axies 小精灵增加，而 AXS 的供给总量有上限，使得 AXS 的价值会趋向于增加。

游戏通证 SLP 的供给总量没有上限，玩家通过在游戏中对战或完成任务获得 SLP。玩家可以让两只 Axies 小精灵繁殖产生新的 Axies 小精灵，而繁殖过程需要消耗 SLP，所以 SLP 是有销毁机制的。但总的来说，SLP 的净增长速度是正的。

锚定模型

将通证的供给锚定在某些具有现实世界价值的商品或资产上，这种通证供给模型就是锚定模型。

一个典型的锚定模型是泰达币（USDT）。USDT 采取中心化发行方式。发行方声称自己以一定数量美元价值的现金等价物（如美元现金、美国国债、美国高信用等级公司债等）为基石，将该资产存于银行并定期发布审计报告，从而发行等价值的 USDT。因此一单位 USDT 的资产价格恒定为 1 美元，供给总量随着持有的美元等价物总量变化而变化，目前约为 800 亿美元。

这种模型通常只在特定场景使用。比如在 USDT 的场景中，仅仅是为了让美元与通证的交易更加便捷，从而创造了一种与美元 1:1 等价的通证。它的劣势也很明显，由于缺乏监管，发行方的声明、保证和审计报告都不一定是准确真实的。也因此 USDT

的价格偶尔会因为受到人们质疑而波动。

通证需求

通证是一种物品，加密数字物品。有时候他更像是商品，人们拥有它是为了使用；有时候它更像资产，人们拥有它是为了投资。一种通证可以同时兼具多种功能，这会使得人们对它的需求更加广泛而旺盛。需求可以分为以下几类。

持有型实用

持有某些通证能够赋予持有者一定的权利，比如成为俱乐部会员，或者能够投票参与该通证所在的 Web 3.0 项目的治理。这种通证有一定的实用功能，人们持有它是为了获得某个持续的非物化功效，这一类属于持有型实用。

一个典型的例子是无聊猿 BAYC NFT。持有 BAYC 能够成为俱乐部会员，这是一个私密的有一定门槛的俱乐部，NBA 球星斯蒂芬·库里就曾是会员之一。此外 BAYC 的持有人还可以得到由无聊猿团队发放的其他 NFT 空投。

消耗型实用

在有些 Web 3.0 项目中，需要消耗项目通证而使用项目的功能，或参与项目中的活动。消耗型通证有时会伴随着通证销毁机制存在。这类通证的作用是换取服务或其他通证，使用即消耗，就像现实世界里手中的现金一样，除了花掉别无他用。

一个典型的例子是 ChainLink 的 LINK。ChainLink 是一个

去中心化预言机项目。预言机就像一个翻译器，将一个系统的信息转换成另一个系统能读懂的信息，比如将现实世界一个箱子转换成长、宽、高、材质等数字世界能理解的维度信息。LINK 是 ChainLink 的通证，其唯一作用是支付使用 ChainLink 的服务所需的费用。

收益型增值

有些 Web 3.0 项目的经济模型对于持有项目通证的用户定期发放一定数量的通证作为奖励。拥有这类通证就像拥有现实世界里的资产，如银行理财等，人们之所以想要拥有是因为它能带来收益，也就等同于让所拥有的通证增值了。

DeFi 领域的许多项目都具有这种特点。一个典型的例子是 Curve Finance 的 CRV。Curve Finance 是一个去中心化通证交易所，它由许多个交易池组成，每个交易池交易数个通证对。用户将 CRV 质押获得 veCRV，持有 veCRV 的用户可以分享交易所的交易佣金收入。

有一些通证由于有着很广泛的应用场景，所以自身同时兼具多种功能，会随着应用场景不同而不同，比如以太坊的 ETH。以太坊是目前 Web 3.0 最大的生态体系，在以太坊上有数千个 Web 3.0 项目。在这些项目的经济模型中 ETH 的作用各不相同，因此 ETH 也扮演了多种角色。

投机型增值

有一些通证在设计的时候就没有什么作用，人们之所以愿意溢价拥有，是认为会有别人以更高的价格从自己手中买走。

早期的 BTC 在没有获得广泛的共识，还不像现在这样具备类似黄金的价值储藏功能的时候，就面临这样的窘境。BTC 不产生现金流，没有实用价值，持有没有收益，只有一个遥远的信念——以后可以成为像黄金一样的价值储藏物。

对未来的信念是一种强有力的需求推动器，但我们无法对其进行量化，也很难捕捉强弱。你需要进入圈子中去感受持有者的热情。

收藏

有一些通证没有任何作用，也不能升值，不能作为价值储藏物，但人们仍然有需求。比如国内的某些数字藏品交易平台的藏品，一经购买无法二次交易或转增，但由于这些通证有着出众的艺术性而受到人们喜爱，常常被秒空。

通证分配

通证分配的核心目的是为了给用户和早期团队提供合理的激励，推动 Web 3.0 项目正循环发展。在 Web 3.0 的早期阶段，Web 3.0 产品的功能还不尽如人意，网络效应还没有形成。因此，通证的财务激励是吸引用户使用，是让 Web 3.0 项目能成功的一个重要因素。这个道理颠扑不破，在 Web 2.0 时代的互联网巨头补贴大战中已经展示过威力。

一个 Web 3.0 项目通常有投资人、发起团队、社区成员、生态供应商这几类参与者。怎样在各方参与者之间分配通证，以什么样的节奏分配通证，对项目的成败起着关键作用。一个好的分配机制应该是在按劳分配的基础上，尽量将通证分配给更多人，让各方势力能达到平衡对冲。这样一来，任何用户的退出都不会对项目前景产生太大影响。

要理解一个 Web 3.0 项目的通证分配逻辑，我们需要回答几个问题：

- 用于激励的通证从何而来？
- 通证分配时间表是怎样的？
- 应该激励参与者的哪些行为？

从何而来

用于激励的通证可以来自于通证增发，这种方式使得通证总量增加。这一类做法包括：活动奖励、贡献者奖励、流动性质押奖励、空投等。也可以设立项目金库（Treasury），由金库通过智能合约自动向日常交易收取小额交易费用，再从金库中提取激励通证。这种方式不会增加通证总量，只起到通证再分配的作用。

一个好的激励通证收集机制能够确保发放的激励通证、项目的交易活跃度和收集的通证是成正比例波动的。当项目交易活跃时，应该发放更多的激励通证。如果需要发放的通证少于可发放的通证，则可能导致社区用户的信心崩塌，人们争相从项目中退出。通过通证增发而发放奖励通常不会面临这种情况，但毫无节制地增发通证也是在透支项目的增长空间，造成通证贬值，损伤项目发展。而如果是从金库中发放激励，则需要量入为出。

分配时间表

从通证分配时间表中可以看出来发起团队对项目的信心。从理论上讲，团队应该认为他们项目的是最好的投资之一，因此没有理由想在投资者和用户之前减持他们的通证。一个好的通证分配时间表应该能够让用户和团队都有足够的动力维护项目的发展，与项目长期深度绑定。符合以下特征的通证分配计划是对用户有利的。

1）团队的通证授予（Vesting）计划比用户的通证授予计划长。授予计划指的是通证被发放的计划。通证不像期权和股票，没有限售期，一经授予即可立即交易。团队的授予计划比用户的授予计划长，那么团队就需要更长的时间才能拿到他们应得的所有通证，这样可以将团队利益与项目深度绑定。在初始阶段，团队对项目的作用非常大，与项目深度利益绑定的团队会自动自发地做好项目的运营和优化，防止用户流失。

2）团队的初始授予（Cliff）时间在用户的初始授予时间之后。初始授予时间指的是第一次开始被授予通证的时间。在团队被授予通证之前，最好确保用户已经被授予了他们应被授予通证的一部分。通过延后团队的初始授予时间，可以使得团队真正做好项目，而不是造势一波以后就销声匿迹。

3）在项目的最终通证分配方案中，要将至少 50% 的通证分配给社区。这将有效激励社区在项目成熟稳定之后最终接手项目的运营。

被激励的行为

什么样的行为能够得到通证激励，决定了参与者们会将项目推向何方。最常见的激励行为是活跃度，比如半年内有 5 次以上的使用或交易记录，且首尾两次间隔时间大于 1 个月。

一个项目在设计激励行为时，都会持有正面的初心，会去激励他们所认为的有助于项目发展的行为。然而当行业周期变化，市场情绪发生变化时，这些激励行为却有可能带来负面作用。这样的典型案例就是 UST-LUNA 的关联机制设计。这个机制的设计和失败理由我们会在其他章节深入讨论。

DAO 的经济模型

当前，全球的 Web 3.0 生态里出现了超过 500 个 DAO，并且拥有了超过 50 万的活跃用户，处理的交易更是不可估量。DAO 的种类也多种多样，包括捐赠、投资、社交、收藏、社区治理、服务、媒体等多个领域。在第五章我们介绍了怎样建立一个简单的 DAO。在那个例子里，DAO 的通证总数是恒定的。但是根据 DAO 的应用场景不同，DAO 的通证经济模型也会出现一些变化。

目前，许多项目仅依赖于新加入成员带来的资金，而没有其他渠道或激励行为将这些资金留在自己的生态系统中。这就好比传统互联网企业把所有的精力都放在如何吸引客户和融资上，却没有一个良好的商业模式来留住消费者。运营 DAO 最首要的任务应该是理解并组织资本、资产、通证流入你的生态系统中。不要仅仅依赖于新成员，还要探索如何利用其他项目的产品或服务为你的生态系统带来资金。最后，控制资本外流并且创新激励机制，以降低资本流失率。

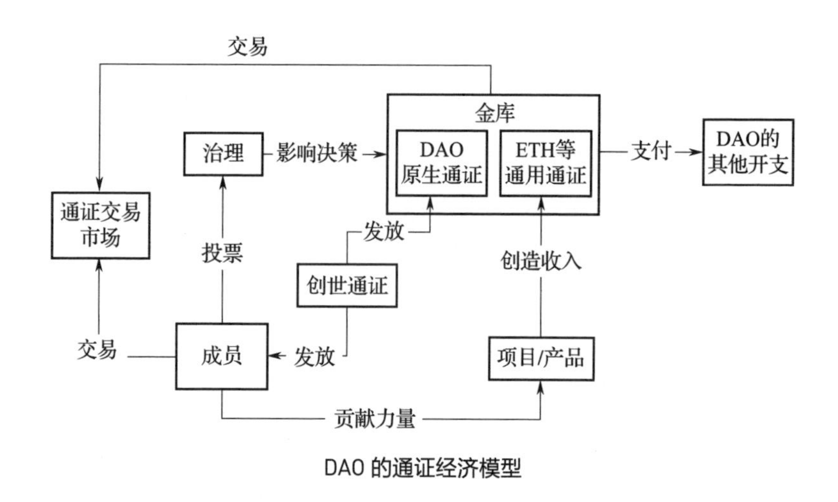

DAO 的通证经济模型

DAO 的基本经济模型如上图所示。在建立 DAO 时创造“创世通证”，类似原始股，一部分分发给创始成员，一部分留在 DAO 的金库里。有时候也需要创始成员以 ETH 等通用通证购买创世通证，这样金库里就同时拥有 DAO 的原生通证和 ETH 一类的通用通证。

成员通过手中的原生通证进行投票管理 DAO 的日常工作和金库运营，同时贡献自己的力量建造出产品。这些产品的用户可以是 DAO 内成员，也可以是 DAO 体系外用户。通过为其他用户提供服务或产品，DAO 可以获得收入。收入的支付方式可以是 DAO 的原生通证（那么用户就需要到通证交易市场先购买原生通证），或者 ETH 等通用通证，甚至可以约定以法定货币支付。而 DAO 金库使用这些收入支付 DAO 的其他开支或用于在通证交易市场调控原生通证供需，通过管理原生通证的价格管控 DAO 的进入门槛。

通过以上模型，我们就不难理解，要让 DAO 的经济模型形成正反馈的关键点在于为成员带来价值。这里的价值有两个方面，一是通过原生通证在交易市场出售的增值；二是成为 DAO 一员所获得的归属感、知识等内部价值。这两个方面既是相互补充，又是相互影响的。假设，原生通证在交易市场没有流动性，偶尔有成员想退出，则有可能引起价格大幅波动，进而影响其他成员对 DAO 的信心和凝聚力。这就是交易市场对成员的影响。交易价格大幅波动时，如果成员从 DAO 获得的内部价值很低，那么就可能跟随抛售原生通证，导致贡献者减少，DAO 的产品质量下降，进而引发死亡螺旋。DAO 成员能从 DAO 获得的内部价值可以补充原生通证的增值，也可以影响成员对 DAO 的信心进而通过交易行为影响通证价格。

GameFi：Game or Fi？

GameFi 是指：将 Web 2.0 的游戏本体与 Web 3.0 的经济模型

结合的游戏。GameFi 最显著的特点是：用户的资产成了 DeFi 游戏中的装备或工具，将游戏道具 NFT 化。反过来，用户在参与游戏的过程中可以获得奖励。同时，Web 3.0 游戏的代码都可以是公开透明的，杜绝了项目方作弊的可能性。

GameFi 的基本通证经济模型

既然是 Game Finance，其中的 Finance 具体是什么，有怎样的基本形式呢？

GameFi 的经济模型，简单来说就是调控游戏内部所有通证价格与数量之间变化的模型。单凭这样的解释有些单薄，而且从概念层面还稍显晦涩。那么，我们结合当下最常见的 GameFi 展开说明。

基础主模型

在 GameFi 中，有单通证和双通证模型两种经济模型。

单通证

指在项目中只使用一种通证，即用户在游戏的产出场景中获取此通证，在消耗场景中失去此通证。GameFi 元老——Cryptokitties 就是典型的单通证模型。再如大名鼎鼎的 Axie Infinity，初期使用了单通证模型，后期才迭代成了双通证。

双通证

顾名思义，即在项目中使用两种通证，分为母通证（游戏治理通证）和子通证（经济通证）。一般来讲，在大多数使用双通证模型的项目中，母通证相较子通证更难获取，如用户在游戏的产出场景中先获取子通证，通过升级等方式得到获取母通证的资格，进而获取母通证。另外，在消耗场景中，母通证也有更高的价值，StarSharks 和 STEPN 都是采用这种模式。

叠加多玩法

在主模型基础上，项目方会叠加不同玩法，使游戏的金融生态具备更好的抗风险性，维持健康。

NFT

NFT 作为 GameFi 的另一种通证，越来越多地被项目所使用，不同的项目对于 NFT 的定位也是有差异的。一类是作为入场门票使用，必须先购买 NFT 才能拥有进入游戏的资格，现在大多 GameFi 都在采用这种模式。第二类是作为工具使用，拥有越多或拥有越稀有的 NFT，可以使你在游戏中胜率更高或享受某种特殊的技能，如 Era7。

质押

项目方会为玩家提供质押选项，一般为质押通证或者 NFT，以此维持游戏内经济系统的稳定。具体方式是：双方允诺一个质押周期与奖励，在质押周期内，玩家没有对于通证或 NFT 的使用权，到期后，玩家取回质押物并获得奖励，奖励多为通证。典型的例子是 Fancy Birds，通过质押通证，为玩家创造了更多获取收益的场景。

以上是常见的 GameFi 玩法，除此之外，项目方经常借用一些辅助手段达到游戏内金融体系的稳定，如锁仓、燃烧等，在这里不过多赘述。

第一个杀手级 GameFi——Axie Infinity

月收入超过王者荣耀的 GameFi，是如何成长起来的，又为何走向死亡螺旋？在本节，同大家分享 Axie Infinity 的成长历程。

成长历程：走向爆发

2017 年 12 月：开始开发。

2018 年 2 月：Axie 小精灵预售开始，筹集了 900 ETH。

2020 年 5 月：第一季度的所有土地售罄，筹集了超过 4600 ETH。

2021 年 2 月：Ronin 主网上线。

2021 年 7 月：日活玩家超过 35 万名，日交易量超过 2500 万美元。

2021 年 8 月：收入 3.6 亿美元，月收入超过王者荣耀，达到巅峰。

如果仅复盘项目时间线，Axie Infinity 的爆发至少和这几个因素有关：

（1）技术层面：项目方在 2021 年 4 月底将游戏迁移到了 Ronin 链上，Ronin 是项目方专为游戏设计的高性能侧链，为接下来的用户爆发打下了基础。

（2）市场层面：以无聊猿为代表的头像热潮在 7 月底开始爆发，众多明星捧场，为 NFT 这一概念带来了大批新增用户。

（3）资本层面：经过 519 暴跌，行业资本寻求新的利润增长点。GameFi 的回本周期明确，易于被资本接受。

经济模型：引发衰落

除了对于历史进程的了解，在经济模型层面，结合上一节的介绍，Axie Infinity 是个非常典型的案例：

Axie Infinity 采用的是典型的双通证模型，分别为：SLP 和 AXS。

SLP（Smooth Love Potions）作为子通证，主要用于支付两个 Axies NFT 之间进行繁殖配对的费用。

AXS (Axie Infinity Shards) 作为母通证，成为 Axie Infinity 里的 ERC-20 治理通证。持有 AXS，用户可以玩游戏、质押并参与关键的管理投票。

用户需要通过购买 NFT（即 Axie 小精灵）获取参与游戏的资格，Axies 参与战斗并取得胜利即可获得通证奖励，这是最主要的通证产出场景。消耗场景主要包括：哺育 Axies、繁衍 Axies、获取社区治理资格，当然用户可以通过在二级市场出售 Axies 获取通证。质押通证也将获得奖励。

在这一经济模型下，我们不难看出，用户赚取通证的价值成了促使游戏良性发展的重点，通证的迅猛增长使 Axie Infinity 站上了巅峰。但若市场上出现负面情绪，通证价值下降，玩家将大量抛售、出逃，严重影响整个经济系统的平衡性。

这一情况就发生在 2022 年 3 月份，Axie Infinity 所在的侧链 Ronin Network 遭受大规模的黑客攻击后，Axie Infinity 各项数据指标纷纷暴跌。如今，Axie Infinity 已很难回到巅峰时的用户规模，但未来将如何发展呢？有个说法叫：“Web 3.0 一天，人间一年”，让我们拭目以待。

GameFi 改变了什么？

从 P2P（Pay to Play，付费游戏）到 F2P（Free to Play，免费游戏），再到 Web 3.0 的 P2E（Play to Earn，边玩边赚），这并不是一种新的模式。早在 2000 年的一些免费游戏，如《暗黑破坏神 II》和《Runescape》，便出现了活跃的游戏内物品市场。玩家通过完成任务来赚取游戏金币，用游戏金币购买游戏中的武器或盔甲，然后将物品以现实中的真金白银卖给那些没有做完任务的买家。

当然，在这个时代，这种交易从未被法律、税务机构或其他任何人承认。游戏玩家能够在互联网的一个小角落里建立自己的小型数字经济。但他们很容易受骗，使得卖家更类似于阴暗的网络形象，而不是在合法生态内经营的企业家。

目前 P2E 的不同之处不仅仅是市场的复杂程度，更是关于你对资产的处置权。你的行为并不需要局限于游戏工作室或运营商所允许的范围。如果一个运营商破产或关闭其服务器，你不会失去获得的游戏资产。GameFi 的魅力在于激励机制的优化。真正拥有自己游戏资产的玩家会变得更加投入、忠诚，并且更好地治理他们喜欢的游戏。

过去十年电竞和直播的兴起使得玩游戏不仅是一种娱乐手段，同时也成为一种被人认可的正经职业。热门游戏正在与传统体育项目争夺粉丝，这在 20 年前是不可想象的，在 GameFi 上尤为显著。与其他的 Web 3.0 领域相比，游戏方面的投资金额是最高的。这表明，风投资本的重心在向这个领域倾斜。

X-to-Earn：有钱能使鬼推磨？

X-to-Earn 的经济模型

什么是 X-to-Earn？只要你想，X 可以等于任何动词。X-to-Earn 本质是通过执行 X 这一动作，实现获得通证的目的，最终为用户带来收益。如果说 Web 3.0 是一种晦涩的概念，那么 X-to-Earn 是最接地气的一种产品形态。

X-to-Earn 自诞生以来一直备受关注，频频出现创新玩法，如：Move-to-Earn、Learn-to-Earn、Sing-to-Earn 甚至 Sleep-to-Earn 等。X-to-Earn 的增长模型是用通证做冷启动，用市值的快速膨胀来吸引参与者（投入劳动或资本），直到规模出现，通过游戏化、收费服务，或外部性经济活动进行盈利。对参与者来说，X-to-Earn 创造了一个新的要素市场，让自己的资本和劳动力可以发现更高效、公平的变现方式，得到合理的经济利益回报，创造社会价值。

8 种经济模型

理性的 X-to-Earn 参与者会考虑 X 所需要付出的本金，以及本金以外所须付出的劳动（包括体力、知识、决策、创作等）和获得奖励的频次。依据这 3 个要素的高低不同，就可以演化出 X-to-Earn 的 8 种经济模型。

高频次、高本金、高劳动

这一类项目是资本和机器人密集型的。典型案例有 Bitcoin 和所有的 Mining Networks；在新生代中有 Chainlink、The Graph 和 Render Network 等。项目优点是网络沉淀的经济价值大，有机会形成 Fat Protocol；缺点是网络经济体是内卷的，计算是标准化的，军备竞赛激烈，资本竞争激烈，组织化的机构林立，散户参与度很低，适合 B 端产品而非 C 端。设计这种项目时，可以在验证工作的算法中引入更高的数学难度和随机性，让大型参与者的非对称优势不要无序增长，降低基尼系数。虽然这一类网络是大多数产品设计者的终极目标，但不适合一开始就采用，因为它挡住了大量参与者的加入，容易变成少数人控制的游戏。在早期应当降低门槛，后续慢慢提高。

高频次、高本金、低劳动

这一类项目是资本密集的。典型案例有：POS 网络、Staking

平台、Liquidity Mining 的网络、以资产证明为准入门槛的网络等。项目优点是参与者不消耗太多劳动力，资本的效率极度放大，是非常有效筹集资本和流动性的一种网络；缺点在于有被巨鲸[1]挟持的风险。在达不到收益要求后，巨鲸撤资引起网络价值下跌，进入死亡螺旋。设计这种项目时，可以引入更多参与者相互博弈，增加参与者的忠诚度（利用 POAP 进行治理和参与奖励）和长期价值锁定资本（比如引入投票权机制）等。引入更多工作量和劳动，是必然的方向。

高频次、低本金、高劳动

这一类项目是劳动密集的。典型案例有 Play-to-Earn、Move-to-Earn、Learn-to-Earn 等。项目优点是参与者不需要很有钱，有劳动力付出就可以换取奖励；缺点是劳动不容易被量化，需要找到背后的商业模式。设计这类项目时可以引入更多的智能硬件和预言机等防作弊技术，并在经济价值创造方面下功夫。经济价值创造的一个方向是向内探索，设计更复杂和随机的游戏化商业生态，另一个是向外探索，寻找外部性的经济价值。

高频次、低本金、低劳动

这一类项目流量巨大但价值较低。典型案例有 Sleep-to-Earn、Read-to-Earn 等。项目优点是门槛很低，参与者受众群体巨

[1] 巨鲸：对于有巨额投资或是拥有大量 NFT，BTC/ETH 的人的称呼，类似股市中的主力。他们会通过大量购买或抛售 NFT，来影响价格。

大；缺点是参与者画像不精准（谁都可以完成点赞、评论、分享等动作），且劳动产生的价值很低，资本贡献也很低，容易变成低价值的网络。设计这类项目时应该提高参与者的本金或者劳动门槛，尽量找到具体的垂直场景，让简单的劳动变得更有意义。适当增加本金投入，让劳动参与者不会作恶，否则罚没本金。

低频次、低本金、高劳动

这一类项目是技能密集型的。低频的高劳动力，意味这种劳动的专业性更高，可能一周才能产出一次结果，得到一次奖励。参与者更小众，掌握某种专业技能。典型案例有 Research-to-Earn、Code-to-Earn、Sing-to-Earn 等。项目优点是用户精准，劳动技术含量高，并且存在商业模式；缺点是参与者精英化，规模难以做大，而且工作任务难以量化并且得到奖励。设计这类项目时应该把一个复杂的技能任务拆分为数个简单的更容易大众化的任务，再组合。比如，与其把所有的股票分析师链接起来做成一个 Research-to-Earn，不如把 Research 拆解成一个只负责收集信息的 Read-to-Earn，加上一个给出投资意见的 Comment-to-Earn。将复杂的 research 劳动简化成两个不同模块，加快结算频次，简化任务动作。

低频次、高检、高劳动

这种模型不常见，比较接近的是 Venture DAO，即参与者共同出钱，共同做投资策略，一起分红。

难点是这种网络的确认和激励频次很低，工作量难以衡量，工作任务极度不标准化，难以达成共识。所以很难形成规模。

在另外两种低频次、低劳动的模型中，由于参与者既不额外付出劳动，获得奖励的频次也很低，这样的场景暂时不具备符合 Web 3.0 精神的现实意义，也几乎没有现实案例，就不进行探讨了。

项目生命周期

通常，一个 X-to-Earn 项目具有以下的生命周期特征：

1）市值膨胀期：吸引参与者的时期，参与者的体量决定了项目的上限。月活是最简单的指标，如果月活能够达 100 万，是一个“现象级”爆品；达到 1000 万，就是下一个以太坊的潜力竞争者。

2）市值收缩期：市值不可能无限膨胀，早期参与者获利后会离场观望。我们需要关注在市值收缩的时候，是否有长期忠实的参与者留下来，其贡献值（客单投入成本）有多大?

3）不确定期：漫长又不安的一个阶段，网络在寻找真实需求。需要关注网络的发展，如何开发更多的生态产品，留住参与者。

4）第二次增长曲线期：网络价值的第二次体现，爆发式增长。对游戏来说，是玩家的主动付费；对有商业模式的产品来说，是外部用户的付费使用；对一个 meme 或者 currency 来说，是外部性经济活动形成规模。

5）死亡螺旋期（4 的另一种可能性）：另一种可能性是，网络没有发现商业模式和足够的正外部性，进入了死亡螺旋。总之，成功的项目不断吸引参与者加入，失败的项目不断流失参与者。

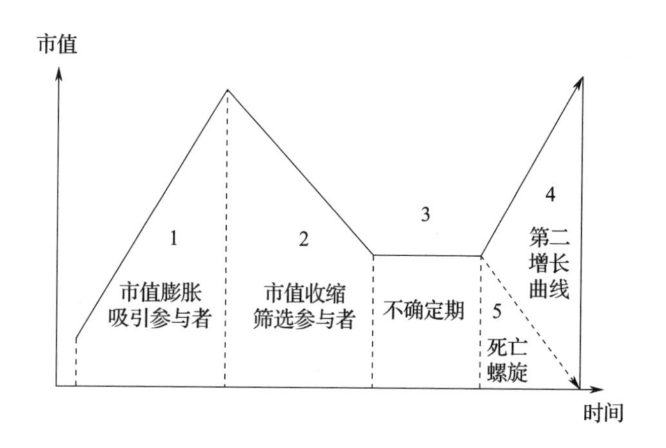

X-to-Earn 的生命周期　来源：FMResearch

Move-to-Earn

2021 年 10 月，一款名为 STEPN 的项目在 Solana 组织的黑客松比赛中脱颖而出，第一次出现在大众视野。

自此，Move-to-Earn 概念的领军项目 STEPN 开始在 Web 3.0 世界崭露头角，受到广泛的推崇，STEPN 联合创始人 Jerry Huang 于 2022 年 5 月，接受 Tech Crunch 采访时表示，STEPN 在全球拥有 200 万至 300 万月活跃用户，每天有数以万计的新用户加入 STEPN。

Move-to-Earn 即：通过运动获取收益。我们以 STEPN 举例，展开讲解此类玩法的基础经济体系，不同项目间可能会有些许差异。

通证经济模型

STEPN 采用了典型的双通证模型，分别为经济通证 GST 与治理通证 GMT，用户在鞋子处于 1 ~ 29 级的阶段可以获得 GST，当鞋子升级至 30 级，可获得 GMT。

STEPN 的 NFT 分级

用户需通过购买至少一双鞋子才能获取可以在 STEPN 中获得收益的资格，同时，鞋子可按照配速要求分为四种类型：步行者、慢跑者、速跑者和训练者，不同鞋子对应的每公里最佳配速要求不同，只有保持在最佳配速范围内，才能获取最大化的收益。

鞋子类型	最佳配速（千米 / 小时）	最佳配速可获收益
步行者	1~6	4 GST/1 能量消耗
慢跑者	4~10	5 GST/1 能量消耗
速跑者	8~20	6 GST/1 能量消耗
训练者	1~20	4–6.25 GST/1 能量消耗

不同类型鞋子对应每公里时速要求与奖励

一双运动鞋具备四个属性，分别为效率、运气、舒适度、耐久度，其中效率影响 GST 的产出效率，运气影响掉落宝石的概率，舒适度影响鞋获得 GMT 的效率，耐久度影响鞋子的耐磨性。

所有流通在市场上的鞋子 NFT 均由最初的 10,000 双创世鞋“创造（铸造）”而来，“创造”后将产出鞋盒，鞋盒中的鞋子具有不同的质量，若按照质量由低到高排序，分别为：普通、罕见、稀有、史诗、传奇。质量越高的鞋子，初始属性值就越高，当然，NFT 的售价也会更高。

质量	最小属性	最大属性
普通	1	10
罕见	8	18
稀有	15	35
史诗	28	63
传奇	50	112

不同质量的鞋子对应原生属性值的范围

用户在运动过程中需要消耗能量，当能量消耗完后，将无法获得通证奖励，能量将在固定时间点以每 6 小时 25% 的速度恢复。另外，随着一个账户内鞋子数量的增加，每天的能量上限也会递增，这意味着用户可以运动更久，获得更多收益。

产出与消耗场景

Move-to-Earn，顾名思义，“move”就是 STEPN 的通证产出主场景，当我们进行运动时，可以产出 GST 与 GMT。项目白皮书中共规划了 3 种运动模式，个人模式、马拉松模式与后台模式。不同模式获得收益的方式与效率将会有所差异。除此之外，租赁系统也将上线，用户可以选择租出自己的 NFT 或承租他人 NFT 获得收益。

当下，通证消耗主场景有 3 个，分别是修复、升级与创造：使用 GST 来修复鞋子，可以保持通证的高效产出；使用 GST 与 GMT 进行升级，可以在原生属性基础上增加属性值，使用户获得到更多收益；使用 GST 与 GMT 进行运动鞋的创造，将可以获得鞋盒。

我们不难发现，相比起产出场景，项目方使用更多精力设计消耗场景，目的就是使用户在项目中获得的收益最大化地留在项目中，促进经济体系的正向循环。试想，若用户获得的所有通证都在当下离开经济体系进入市场，那么很容易造成通胀，通证在市场中的价值也会走低，不利于项目长久发展。

Move-to-Earn 这一模式很好地将虚拟与现实进行了绑定，概念清晰易懂，打动了很多 Web 2.0 世界的用户，参与到了项目中来。在 STEPN 中，用户既可以通过运动达到锻炼身体的效果，也可以伴随运动获取收益，同时随着全球用户量的增长，也会产生碳中和效应，为环保做出了一份贡献，一举多得。

Learn-to-Earn

全球有 14 亿英语学习者，消费 600 亿美元学习英文，如果，你无须付费，甚至可以通过学习英语获得收益，会是什么样呢？Let me speak 的面世让用户耳目一新，用户可以通过学习英语获得通证，即 Learn-to-Earn。

在 Let me speak 的模式中，用户需要购买角色 NFT（类似英语老师）获取 Earn 的资格，并通过学习英语获取收益。

通证经济模型

Let me speak 同样使用双通证模型，治理通证 LMS 和经济通证 LSTARS，截至 2022 年 5 月，LMS 暂未发行。

Let me speak 的 NFT 分级

要想 Learn-to-Earn，就需要购买角色 NFT，角色 NFT 间有质量与属性的差异，在质量维度分为：普通、罕见、稀有、史诗、传奇、不同质量对应的原生属性会有差异，如下图所示：

	免费用户	NFT用户			
	普通	罕见	稀有	史诗	传奇
天赋	10~19	20~29	30~39	40~49	50~59
回报率	1%	50%	100%	200%	500%
学习速度	75~99	85~109	95~119	105~129	115~139
签证长度	30 days	120 days	150 days	180 days	240 days
可铸造的次数	0	6	6	6	6
lvl1的技能	10~21	24~49	45~82	72~123	130~215
lvl1的起始价	Free	99 USDC	250 USDC	600 USDC	2000 USDC

Let me speak 角色 NFT 分类与属性、价格差异

其中，比较重要的几个数据与含义分别是：天赋，代表角色的学习赚钱效率；回报率，代表不同等级 NFT 的收益水平；签证长度，代表角色的签证有效期，当签证过期，玩家需重新购买或铸造角色，玩家有 3 次延长签证有效期的机会，每次可延长 30 天。

产出与消耗场景

在 Let me speak 中，现阶段只可获得 LSTAR——可以通过购买角色 NFT 进行学习，获取收益；另外可以将 NFT 租赁给他人，获得 50% 回报；也可以承租他人的 NFT，获取 50% 收益；在未来，可以使用 LSTAR 购置角色装备，赋予角色更多技能或属性值。

同时，为保持经济系统的健康，项目方设置了一下几个主消耗场景——用户需要消耗 LSTAR 去铸造新角色 NFT；消耗 LSTAR 延长角色的签证时间；另外，在白皮书中展示了 LMS 的消耗场景，将在未来得以实现：在产品内，通过消耗 LMS 对角色进行升级等操作；在产品外，持有 LMS 还可以参与社区的治理与投票。

Let me speak 通过 Learn-to-Earn 的模式良性促进了用户的学习进程，提供了充足的学习动力，并且在产品内通过丰富的学习场景增添了学习英语的乐趣。当然了，所有的假设都建立在通证经济体系处于健康状态的前提下，才能提供给用户更足的信心参与到项目中来，这也是所有 X-to-Earn 项目方一直努力的目标。

更多 X-to-Earn

除了我们提到的 Move-to-Earn 和 Learn-to-Earn 之外，现阶段还有很多项目处在相对早期阶段，但其概念新颖，获得了不少用户的关注，如：

主打 Sleep-to-Earn 的 SleepFuture，是第一个引入了 Sleep-to-Earn 机制来奖励全球社区睡眠并获得 SLEEPEE 通证的产品，旨在改善全球社区的睡眠质量和健康。

用户可以通过睡觉获得 SLEEPEE 通证，并通过质押 SLEEPEE 通证兑换额外的奖励。基于用户睡眠评分的每日收益：100% = 10 USDT 的 SLEEPEE 通证，例如：84% = 8.4 USDT 价值的 SLEEPEE 通证。每日奖金基于用户的会员等级。获得的 SLEEPEE 将存储在应用程序中，SLEEPEE 将反映在钱包余额中，并可在应用程序内的“商店”和“小镇”的生态系统中使用。

主打 Sing-to-Earn 的 Seoul Stars，意在创建区块链上第一个虚拟 K-Pop 偶像 Yuna，凭借大量的歌曲、专辑、虚拟音乐会和游戏等内容进行发展。Seoul Stars 将有两种游戏类型：节奏游戏和卡拉 OK 游戏。这些游戏将以 Yuna 的歌曲和其他知名 K-Pop 歌曲为主打。

用户可以通过在游戏中获胜获得 YunaCoin，YunaCoin 可用于购买游戏内物品，提升玩家在游戏中的收益率；在游戏中还可以获得 CastingTicket；另外，玩家通过每周排行榜获得 SSTAR 通证，并且需要获得 CastingTicket 和 SSTAR 来解锁 Yuna NFT 首发卡。

Web 2.0 中有一个在我们身边的例子也是 X-to-Earn，那就是蚂蚁森林。用户通过步行或低碳行为积攒“绿色能量”，这里的“绿色能量”就是一种通证。用户可以在“种树”页面将“绿色能量”交易成用于保护沙漠的植物。在这里，蚂蚁森林就是交易所，交易对手就是支付宝公益团队。“绿色能量”换来的树形成了森林公园，公园的门票和露营收入还可以返还给贡献“绿色能量”的用户。

我们正处在 Web 3.0 高速发展的时间段，作为项目方，这个窗口期提供给了我们广阔的空间实践想法，证明自我。在这个过程中，除了有点子、有想法，更重要的是落地的能力与持久的斗志，以及尊敬市场、尊敬消费者的觉悟。

作为用户，这个阶段更是难得的，通过 X-to-Earn 不仅可以接触到健康的生活方式、积极的生活态度，同时，还可以获取到可观的利益，何乐而不为?

WhatFi Next？

在行业周期的影响下，很多人顺应着时代的发展，成为追随者与模仿者，前赴后继地进入赛场，争相升级迭代；同时，也不乏创业者直视自身的资源与技能，选择开疆拓土，做出创新。

电商、广告、游戏、社交、娱乐…… 这些在 Web 2.0 世界曾经的兵家必争之地中，游戏已经率先以 Gamefi 的形式出圈。那么还有哪些产业，是适合在 Web 3.0 世界下孵化，激发出新的创意火花的呢？现阶段，我们已能看出一丝端倪。

SocialFi

区块链技术寻求应用落地，不断涌现新的风口。社交这个 Web 2.0 世界的刚需自然也不会缺席。SocialFi，指社交化金融。从字面解析定义，可认为是 Social+Finance，指社交与金融在区块链上的有机结合。

Web 2.0 时代下，社交用户的数据被各大社交平台控制，如 Meta（原 Facebook）、WeChat 和 Twitter 等。平台利用用户产生的社交数据不断获利，而用户收益甚少。SocialFi 针对性地解决了传统社交平台的一些弊病。

一个典型的例子是 CyberConnect。它旨在构建去中心化的社交图谱协议，致力于将数据所有权归还用户，达到用户在任意 Web 3.0 平台之间无缝迁移自己社交数据（所关注的账号以及关注自己的粉丝）的目标。

目前，CyberConnect 面向用户推出了网页 App，尝试解决用户的社交图谱问题。个人可以使用 MetaMask 钱包连接。它提供了三个主要功能：关注按钮、检索关注者和追随者名单，以及获得推荐关注者名单。有人称它拆除了平台、个人和社区的柏林墙，实现了真正地去中心化社交。

CyberConnect 暂未发行通证，但其他 SocialFi 项目中，已可以观察到一些通证经济模型。SocialFi 的通证可以分为 Personal

Tokens，Community Tokens 和 Social PlatformTokens。Personal Tokens 指个人发行的通证。在社交中，众多用户关注的对象会成为意见领袖，当意见领袖积累了大量粉丝且需针对粉丝进行运营时，可以选择发行个人代币，用来管理个人与关注者之间的关系，如通证高额持有者可以享受特殊权益等。而 Community Tokens 顾名思义是同社区生态进行绑定，如 SocialFi 项目 Friends with Benefits 发行的通证 FWB，成了社区的准入门槛，持有通证者才能够加入 Friends with Benefits 的 discord。Social Platform Tokens 更多与平台本身进行绑定，在平台内进行抵押、锁仓以及社区治理。

SocialFi 整体还处在相对早期的阶段，暂未出现一鸣惊人的项目，但需求是一直存在的。好的项目应该是经得起时间考验的，让我们拭目以待。

NFTFi

在 Web 3.0 世界中，用户的加密资产会随着时间推移而逐渐增多，像是 NFT，在当下常被当作社交名片，但是，一个人又需要多少张头像呢？日积月累，只会囤积更多没有实际应用场景的“小图片”。因此，人们一直在寻找 NFT 的多元应用场景。GameFi 与 NFT 的结合算是一个成功的尝试。也有一些项目方，尝试通过不同方式为数字资产提供额外的使用场景与增值空间，将 NFT 与 Finance 进行结合，BendDAO 便是其中之一。

BendDAO 是首个去中心化点对池蓝筹抵押贷款协议，用户可以在平台上将自己的蓝筹 NFT 进行抵押，借出额外的 ETH。越是知名度高的项目，抵押率就越高，如 BAYC，抵押率为 40%，也就是说如果你的 BAYC 目前价值 100ETH，可以通过 BendDAO 借出 40ETH。

具体的流程为：NFT 持有人将 NFT 作为抵押品放入 NFT 池，并转换为 boundNFT，同时可以借到按规定抵押率计算的 ETH，随借随还，无须匹配时间。我们知道，NFT 的地板价波动很大，为了避免市场波动造成的损失，BendDAO 允许借款人在触及清算线后的 48 小时内偿还贷款。如果在 48 小时清算保护期内还款，那么 NFT 抵押品支持的贷款将不会被清算。在 BendDAO，出借人向借贷池提供 ETH 流动性以赚取利息，而借款人能够通过借贷池使用 NFT 作为抵押品即时借出 ETH，建立了良性的供需关系。

除此之外，NFT 租赁也是一个在发展中的领域，有关可租赁 NFT 的 ERC-4907 提案已经通过，但是否会被大规模应用还未知。相信后续类似的实际应用场景还会更多，我们将可以看到更多提升整体通证利用效率的新项目。

更多 Fi

2022 年 5 月，Netflix 推出了科幻动画《爱、死亡与机器人》的第三季，与剧集同时推出的还有一项神秘的寻宝活动。

9 件艺术作品已经散落在数字和现实世界，会在剧集中、全球实体广告牌和社交媒体平台中随机出现。例如，在第一集的视频画面中会随机出现二维码，扫码即可通过 OpenSea 购买到《爱、死亡与机器人》当集主题款 NFT。

OpenSea 上每个 NFT 的起始价格为 0.003ETH。截至 2022 年 6 月，该系列 NFT 目前有超过 2.7 万名持有者，交易量已达到 36,000 美元。

本次发售的 NFT 为无限增发，因此主要将会被作为收藏品，由用户长期持有，在二级市场并没有太高的流通价值。而在 Netflix 视角，除了可以通过用户的铸造行为获得收入之外，还可以提升剧集相关的话题热度，不失为一种破圈的营销手段。

根据以太坊创始人维塔利克最新提出的“灵魂绑定通证”的概念，每个灵魂都可以任意发行各种主题的 SBT，发送给周围朋友。而接收到 SBT 的人，无法再转发这些 SBT，这将形成强大的链上关系网络，形成一个“去中心化社会”，甚至可以用 SBT 来自证身份。这种 SBT 在金融应用上有着非常广阔的想象空间。

Web 漫游指南 3.0

第三篇

Web 3.0 的挑战与未来

本篇客观总结了当前人们对 Web 3.0 提出的质疑和 Web 3.0 自身仍需改进的问题，并对 Web 3.0 的未来发展提出了展望。

09

第九章

Web 3.0 现存的问题

来自社会的负面声音

去中心化是否新瓶装旧酒

从蒂姆·伯纳斯·李开始的 Web 1.0 本身就是人类“去中心化”理想的产物，这也是为什么很多人发现 Web 3.0 和 Web 1.0 如此的相似的原因。而 W3C 本身就是一个致力推动制定新标准来促进业界成员间具有兼容性和协议的 DAO。万维网对人类的贡献，从动机到结果都指向了信息建构权的去中心化。

然而，早期万维网的“去中心化”实验很快走向了它的反面：一批具有媒体属性的门户和垂直专业网站，如美国在线、雅虎、PChome 和新浪等，形成了吞噬互联网流量的超级入口。而不久后这些超级网站的流量和影响力又不得不依附于更强大的门户网站——谷歌和百度等搜索引擎给予的权重排名。早期互联网“去中心化”的理想，就是这么一点点被商业巨头蚕食殆尽的。

因此，当博客作为个人声音表达的集散地，与早期社交网络——如 Friendster 和 MySpace 等在 21 世纪初以“Web 2.0”名义问世时，无论是它们的自我标榜，还是用户的期待，都指向了自主创作、独立评论、用户投票、互动分享和彼此连接的“去中心化”。2004 年 10 月在旧金山召开的第一届 Web 2.0 峰会上，“驾驭群体智慧”和“去中心化”概念作为 Web 2.0 的标志性特征被频繁提出。谁敢说维基百科不是一个去中心化、用户自由编辑生成的大型知识数据库呢？谁又能否认在日后姗姗来迟的 Facebook 和 Twitter 上，用户没有获得更多表达、分享和联系的自由呢？

Web 2.0 后来发生的事是人们都清楚的：Facebook 和 Twitter 成了少数人超级意志的试验场和推荐算法的黑盒子。而基于社交、地理位置和身份属性的生活服务，例如优步也用推荐算法以“上帝视角”俯视它们的用户。它们是新的互联网“中心节点”，也培育和滋养了新的中心化用户。

也许 Web 3.0 最终会重蹈覆辙，牺牲公平成全效率，再被 Web 4.0 以更前沿的技术以“去中心化”的名义重新颠覆。

加密是福是祸?

每当身边有很多跟区块链行业毫无交集的朋友问我们，什么是区块链、比特币、算法、公链等问题的时候，我们都会推荐他们去看一部美剧叫《硅谷》。

在《硅谷》这部剧中，主人公是一个在硅谷上班的程序员，业余时间和几个朋友开发出一款音乐版权检索应用。虽然这款产品没能打动投资人，但是一些细心的用户发现，该平台通过去中心化网络体系，几乎无缓冲就能播放无损音乐。无心插柳，他为这款应用发明的压缩算法比行业最佳算法还要优秀。结果这一算法恰巧获得了老东家的青睐，这位程序员也接受了老东家的钱，创办了 Pied Piper（魔笛手）这家公司，跟几个朋友正式创业。

但是结果非常令人意外，在这部剧里编剧让这家估值接近 80 亿美元的公司一夜之间归零。为什么？因为在这个去中心化网络体系下，为用户提供数据控制权的 PiperNet 会威胁到世界和平，所以核心团队即使放弃了亿万身家和声誉，也要搞垮自己的公司。

魔笛手团队创业 6 年，公司经历了数次转型，从音乐版权应用到云端存储服务，从视频聊天软件到去中心化互联网，面临巨大的身心压力耕耘之后才结出硕果。剧中的主人公经历了一些非常纠结的时刻：现在社会越来越依赖于加密系统，从输电网络、金融机构到核武器发射密码，一旦被黑暗势力破解操控，后果将不堪设想。在权衡之后，创始人亲手毁掉了自己的成果，弄砸了发布会，代码被清除，团队解散。

如今，加密资产也成了精英们用来自保和防御的一种手段。加密资产的分配方式与传统金融资产有所不同：只要算力足够，就能获得资产。精英阶层买比特币是为了通过其地位的上升来对冲自己因时代变迁而地位下滑的风险。但在失去中心化监管的环境下，加密与匿名也暴露了许多问题。通过加密匿名算法获取的财富，也会被加密匿名地剥夺——周杰伦也难逃黑客造访。2022 年 4 月 1 日愚人节当天周杰伦持有的 BAYC 被盗，按当时价格计算该 NFT 价值超 320 万元人民币。

现代计算机的用户名与密码的发明可以追溯到 1960 年。那时美国麻省理工学院拥有一台所有学生共享的计算机。一个名叫费尔南多·科尔巴托的学生注意到学生可以访问其他所有学生的文件。为了解决这个问题，他想出了一个系统，每个用户都有一个特定的密钥，即密码。密码保存在机器上的文本文件中，因此任何用户都可以通过一些挖掘获得访问权限。

20 世纪 60 至 70 年代的重点是加密。每个人都有一个可以自由分享的公钥。每个人也有一个不应该与任何人共享的私钥。对用户进行身份验证需要私钥和公钥。简而言之，我们的电子邮件地址是公钥，我们使用的密码是私钥。

到 20 世纪 80 年代，我们已经转向物理设备进行身份验证。随着计算机变得越来越强大，黑客可以编写程序来更快地猜测密码。而相关设备提供了额外的安全层——数字每 60 秒更改一次。

20 世纪 90 年代见证了万维网的腾飞。开发了诸如 TLS 之类的协议，并标准化了身份验证。

21 世纪初，应用程序和网站的数量呈爆炸式增长。用户很难为每个应用程序设置用户名和密码。同时，恶意攻击的数量也有所增加。单点登录和多因素身份验证获得了关注。

21 世纪 10 年代见证了生物识别身份的出现。手机足够智能，可以识别你的指纹和脸。生物识别身份在两个方面很有用：首先，可以直接充当认证机制；其次，也可以作为多因素身份验证的渠道（你通过电子邮件和密码登录，然后通过你的 Face ID 进行确认)。

尽管这些工具看起来非常不同，但要通过身份验证解决的问题并没有太大变化：每个人都需要一把独一无二的密钥，需要在各种设备上访问此密钥才能对用户进行身份验证，而黑客攻击是一个定时炸弹，随着计算机变得越来越聪明，黑客能够破解密钥的可能性将会增加。

所以过度信任加密究竟是福是祸？我们还不得而知。加密世界就像是一个潘多拉魔盒，当人们还并没有准备好去迎接它的时候，我们不知道它打开了一个什么样的世界。

动摇根基的闹剧

Solend 是一个 Solana 链上去中心化的借贷协议。用户可以在上面进行存款获取收益，并用存款作为抵押品，借出其他通证。但可笑的是，标榜着"去中心化借贷协议"的 Solend，在 2022 年 6 月 19 日突然提出了一项名为"SLND1：减轻巨鲸风险"的治理提案：

（1）对占借款总额 20% 以上的巨鲸账户制定特殊的保证金要求。如果用户的借款超过主池所有借款的 20%，则需要 35% 的特殊清算门槛。该政策将在提案获得批准后生效；

（2）授予 Solend Labs 紧急权力以暂时接管巨鲸账户，以便清算可以在场外交易中执行，避免将 Solana 推到极限。这将通过智能合约升级来完成。一旦巨鲸账户达到安全水平，紧急权力将被撤销。

Solend 社区对此的解释是，受近期的资产价格暴跌影响，一个杠杆极高的巨鲸账户或将面临平仓风险，这将把 Solend 协议及其他用户置于危险之中。如果 SOL 跌至 22.30 美元（彼时 SOL 价格为 27 美元左右），该巨鲸账户将可清算高达 20% 的借款（约 2100 万美元）。由于清算人通常在 DEX 上进行市场销售，因此市场很难吸收这种影响。在最坏的情况下，Solend 最终可能会出现坏账。这可能会导致混乱，给 Solana 网络带来压力。

SLND1 提案是 Solend 平台自成立以来发起的第一次提案，而这第一次提案就带有浓重的中心化色彩。而且该提案投票时间只有仅仅 5.5 小时，在绝大部分用户还不清楚怎么回事的时候就已经结束了。SLND1 提案发布后，引发社区极大争议，在一片骂声中，Solend 于次日紧急发布了新提案 SLND2，内容包括：提案 SLND1 无效；将治理投票时间增加至 1 天；制定一项新提案，该提案不涉及紧急接管账户的权力。该提案随后被投票通过。

虽然 Solend 及时更新了治理方案，但巨鲸清算风险仍然存在，而且还因为 SLND1 引发了用户对平台的信任危机。在 SLND2 发布的第二天，Solend 又再次发布了新提案 SLND3。

这并不是人们对“去中心化”产生怀疑的孤例。Solana 链的节点个数（Solana 1000 个，而以太坊为 10,000 个）一直为人所诟病。由于 Solana 链也时常出现宕机情况，更加剧了人们的质疑，指责其宕机原因为不够去中心化所导致。更不必说 BSC 链早已被人认为是币安的中心化系统。

比特币所在的链无疑已是去中心化程度最高的公链，但仍有人认为算力已然形成寡头垄断。以太坊的情况也好不到哪里去，The DAO 事件让人们持续质疑着另一条公理——不可篡改。

The DAO 是史上第一个 DAO。它起源于区块链公司 Slock.it 发起的一个众筹项目。Slock.it 是一家将区块链与物联网相结合的公司。一开始，他们只是想利用以太坊来开发“全民分享网络”。随着开发的深入，他们发现，去中心分享经济很有前景。他们在伦敦的 Devcon1 大会上演示了这个概念和愿景，反响热烈。于是，就有了 The DAO 项目。

2016 年 4 月 30 日，The DAO 项目开始众筹。众筹为期 28 天，总共筹到了超过 1200 万个以太币，几乎占到了当时以太币数量的 14%，当时价值超过 1.5 亿美元，参与众筹的人数超过 11,000 人。然而，从 6 月 17 日开始，黑客利用漏洞陆续盗走了 360 万的 ETH。人们想了许多办法，包括将 ETH 盗回，限制所有来自于 The DAO 钱包的 ETH 转出等。但是归根结底，这个问题的最终解决方案必须二选一：一是承认黑客盗走 ETH 有效，另一个是不承认黑客盗走的 ETH 有效。

7 月 20 日晚，以太坊硬分叉上线，形成了两条链，一条为原链（改名以太坊经典，使用新代码 ETC），一条为新的分叉链（沿用原来的 ETH），各自代表不同的社区共识以及价值观。

ETC 一方认为，该发生的事已经发生了，区块链的精神就是不可篡改，账本形成了就不应该去篡改，这是原则问题。ETH 一方则认为，这是盗窃，是违法行为，必须予以打击。以太坊创始人维塔利克站在了 ETH 这一边。

为了堵住一个漏洞，创造了另一个漏洞。就像一座大楼一样，拆东墙补西墙。千里之堤，毁于蚁穴，也许 Web 3.0 的共识根基真的会在一次次的堵漏中逐渐瓦解。

造富神话能持续吗?

科技总是那么着急，文字都还没来得及创造，而梦想和“大饼”已经横空出世。人类自第一次工业革命以来，科技的发展就进入了快车道，半导体发展的摩尔定律已经在简单定义发展的速度。

因为科技行业的技术变化越来越快，所以每年都有大量的风口和追风者（科技从业者、媒体和投资者），让很多没有取得突破的技术和概念，通过新瓶装旧酒的形式被推上神坛，特别是元宇宙领域，搭载 Web 3.0 的技术概念，各行各业的新名词层出不穷，而信奉者和不信者各说其词。

科技公司诸如 Facebook、阿里、Google 和腾讯等巨头公司在宣布进军元宇宙后，瞬间在科技融资领域都拿到了不俗份额的融资支持。这不得不让人分析，在 Web 2.0 互联网世界的红利衰退下，利润日渐减少，传统互联网部门甚至开始大批量裁员。巨头们是否需要依靠关于 Web 3.0 和元宇宙的概念，去往一个新的投机主义的世界，才能保住它们赖以生存的用户增长曲线和濒临崩溃的资本市场高估值。

笔者认为，判断一种新的生产模式和一种新的概念的兴起，需要去看圈内的狂欢是否有效地促进了更大范围的劳动生产，有没有在原有经济价值上形成良性闭环。这两个标准，可以非常清楚地判断所谓的概念、新投资词汇是否能有落地和未来增长的可能。

其实，元宇宙的搭建本就是一个系统性的工程，它既需要以 VR、AR、XR 为代表的交互技术的突破，也需要区块链技术、物联网技术、网络及运算技术、人工智能技术、电子游戏技术对现有生产关系进行革新。但即便是目前最新的 5G 网络也难以承载电影《头号玩家》中那样沉浸式的元宇宙体验，可以说我们现在连元宇宙的门都还没有触及。

许多人接触元宇宙的契机也许是 NFT 和数字藏品，这是门槛最低的一种方式，花点钱买张图就“元宇宙”了。事实是，有些参与者并不真的清楚数字藏品的内在价值，他们只是因为希望有人能从自己手中以更高的价格买走这“独一无二”的图片，从而自己给自己编了无数故事。在这些玩家之中，有真的一夜暴富赚钱的，也有倾家荡产赔光本金的。在音乐停下来之前，每个人都在舞池中跳舞，这舞会只会更加喧嚣和疯狂。然而正如数百年前“郁金香狂热”“南海泡沫”屡次证明的那样，对于产生的经济价值无法匹配炒作价值的物品进行的炒作，你只能期望有人来接你的棒。如果你都想不到谁会来接你的棒，那你就是最后一棒。

人类的共识是一个很有意思的东西，它可以如磐石般固执，也可以如鲁珀特之泪的尾巴一样脆弱。当形成共识的那个关键点破灭，建立在共识之上的摩天大楼，就会瞬间崩塌。

LUNA 是 Terra 的平台通证，LUNA 的目的是吸收 Terra 发行的另一种加密货币 UST 的波动性。每铸造一个 UST，就必须烧掉价值 1 美元的 LUNA。因此，在共识崩塌之前，人们的共识是 UST 和美元以 1:1 的比例挂钩。然而，UST 终究不是美元，共识的背后没有支撑。2022 年 5 月 12 日，UST 遭遇做空，UST 与 LUNA 的互换销毁机制启动。按照销毁机制的设计，人们将大量 UST 换回 LUNA 以减少 UST 供给量，从而维持 UST 与美元挂钩。这导致 LUNA 供给增加，价格下跌。由于下跌速度过快，人们担心手中 LUNA 贬值，遂继续抛售 LUNA 换成其他加密货币或者美元。双重抛压导致 LUNA（后改代码为 LUNC）当日暴跌 99%，再也无法吸收 UST 的波动性，400 亿美元市值的 UST-LUNA 系统瞬间归零。

造富神话能持续吗？如果它是神话，那它大概率是不会持续的。神话都发生在上古时期，你见过持续到现代的神话人物和故事吗？太阳底下没有新鲜事，如果有，那早晚都会归于平静，只是不知道什么时候平静。

创作者经济还是炒作者经济

BAYC 的创始团队只是 4 个现实生活中的好朋友——2 个软件工程师、1 个媒体从业者和 1 个交易员。尽管他们 2017 年就已经入圈，但错过了很多财富密码。凭借多年训练的商业嗅觉，在加密艺术热潮来临之际，他们意识到了在 NFT 这个市场中没有什么比拥有一个 CryptoPunks 更朋克的事情了。

朋克是一种身份象征，是在链上记录身份的一部分，无形价值不言而喻。所以在 2021 年初 BAYC 团队开始研究当时的 NFT 初代网红 CryptoPunks 和 Hashmasks 系列，准备开始创业。

在 2021 年 5 月 1 日，无聊猿正式上线了。10,000 枚 NFT，全部定在 0.08ETH。更有趣的是在他们官网的发售页面赫然写着联合曲线定价是庞氏骗局，为什么要写这句话?

这就涉及了 Hashmasks 系列。这个 NFT 团队曾提出为所有他们 NFT 持有者提供限量版数字打印功能的想法，在这种情况下他们设置了联合曲线定价，也就是随着他们 NFT 数量的增加，每创建一个新的 Hashmasks，成本就会越来越高。简单来说，就是单个加密资产的价格随着数量的增加而增加，确保每个新铸造的加密资产比以前的加密资产卖得更贵。所以无聊猿恰好借着抨击 Hashmasks 联合曲线定价这一举动来博取眼球获得关注，这对于一个当时没有名气的项目来说是非常好的蹭流量手段。

毕竟流量池在哪，钱就在哪，在无聊猿团队看来，每一只无聊猿都定价 0.08ETH，是促进社区成员平等公平的最好方式。但在踩完 Hashmasks 之后，无聊猿团队还相继找了两名网红带货，发售 20 分钟后著名 NFT 收藏品 Eva Stars 的创始人发推特表示，他已经买了超过 100 个无聊猿。

到 2021 年 9 月的时候，无聊猿先后两次在苏富比和佳士得拍出 22.8 万和 70 万美元的高价，成功镀金上岸，一夜之间草根变“名猿”。到 10 月的时候，苏富比 Metaverse 拍卖会上 8817 号无聊猿以超过 340 万美元的价格成交，这枚无聊猿身穿羊绒高领毛衣、彩虹旋转帽和银色圆形耳环，仿佛一个低调的硅谷男企业家。

此后的无聊猿一路爆发，持有者包括说唱歌手埃米纳姆、NBA 球星库里、美国著名脱口秀节目主持人吉米·法伦等众多名人，无聊猿已经逐渐取代了 CryptoPunks，成为新的身份象征。成为猿主人已经表明你是会员俱乐部的其中一员。

在众多名人加持下购买一只无聊猿就仿佛买了一张名流圈入场券，无聊猿价格已经今非昔比，地板价都一度达到了 100ETH，随后衍生出线下餐厅、线下展览、虚拟土地、“猿宇宙”，在这些效应叠加背后，我们的无聊猿社区也推动了 APE 通证的上涨，这些都离不开无聊猿持有者的齐心协力。

此时质疑声也随之而来，一个靠营销出圈的无聊猿到底哪里有 Web 3.0 的血统?

早先我们就已经看到了 B 站视频创作者何同学用一条视频带火乐歌股份，拉动股价暴涨 14% 的案例。当媒体炒作与在二级做市等简单粗暴的 Web 2.0 营销手段被披上 Web 3.0 的外衣，无聊猿在上线短短一年时间市值便突破 30 亿美元，而迪士尼用了 100 年时间市值才达到 2000 亿美元，无聊猿无疑是目前加密世界中最明亮的一颗星星。但绝大多数人可能没有听说过，这个头部 NFT 项目的创作者，年仅 27 岁的美国华裔艺术家塞内卡。塞内卡的父母都是中国人，她出生于美国，从小生活在上海，以非常优异的成绩考上了美国的罗德岛设计学院。

当某天塞内卡登录推特的时候，看到 NBA 巨星库里正在使用她创作的画像作为头像，她十分震惊且大受震撼。作为这个项目的核心人物，并且在把创意变为现实的过程中发挥着不可或缺作用的塞内卡，却没有在每日成千上万的信息流中激起任何水花。

让我们现在回忆一下刚开始提到的团队组合，我们依稀记得1个媒体出身的首席营销官和1个会炒作的首席操盘手，他们在NFT项目中有着不可撼动的地位。那么Web 3.0创作者经济是否还能成立呢？

留给后人的挑战

效率、公平与能源

Web 3.0的底层是去中心化网络，数据存储和运算是由各个分散的节点完成。那么很自然的，不考虑中心化作业情况下的网络其他参与者在不能达成一致而导致扯皮的情况，对于同样一件事情的处理，协同作业的速度就是比中心化作业要慢、效率更低、消耗能源更多。

比特币交易为了替换掉中心化权威而采用了耗能极大的工作证明，让人们消费了能源计算出一个不产生任何价值的问题，这是对权威不信任的代价。具体而言，每一笔比特币交易要消耗2188千瓦时的电量，而Visa是每10万笔交易消耗148千瓦时电量，这代价就是效率下降150万倍。以太坊的耗电量是比特币的1/10，相对Visa也有15万倍的差距。Web 3.0的底层架构要想达到 Web 2.0 的用户体验，只有两条路可以走，其一是降低运算的耗能，其二是调整共识机制。

第一条路需要硬件技术的升级，短时间内无法达成。第二条路是人们在探索的道路，但这条路也带来了新问题。以太坊 2.0 升级成 PoS 机制后预计将降低 99.95% 的能耗，也就是耗电量相比 Visa 从 15 万倍减少到 75 倍，已经快拉到一个量级上了。但代价是 PoS 的去中心化程度低于 PoW。可以预见，如果要进一步提升网络运算效率，仅靠调整算法，必然是牺牲公平成全效率。

在效率、公平与能源中间找到一个平衡，是 Web 3.0 能否被更广大用户群体所接受的关键。

监管

互联网不是法外之地，Web 3.0 也不是。网络无国界，但法律是有国界的。目前各国针对 Web 3.0 的监管法规还在逐步出台中，而 Web 3.0 未来的发展必然是需要在各国的法律框架下运行的。

在 Web 2.0 时代，监管主体是服务提供商，监管属地是服务器所在地。而在 Web 3.0 时代，服务代码存放在网络的各个服务器上，也没有一个具体的服务提供商。Web 3.0 的互联网活动趋于分布式，这给监管主体和监管属地的确定带来了一定的挑战。

另外，由于 Web 3.0 应用和钱包的匿名性和去中心化，一旦资产丢失，将无法找回。黑客们早已针对 Web 3.0 下手作案，例如对于 The DAO 的盗窃甚至直接导致了公链的分叉。怎样保护民众的资产免遭黑客攻击，对黑客实施应有的惩罚，也是监管需要面对的难题。

Web 3.0 项目的代码一经上线，即无法改动。这就使得在上线前对于代码的审计显得尤为重要。但凡是代码，或多或少都是有漏洞的。上线无法改动的代码犹如一辆在公路上狂奔而没有方向盘的汽车，行驶越久危险系数越高。根据区块链分析公司 Elliptic 的数据，迄今为止 DeFi 协议已经损失了 120 亿美元。核心问题是与许多加密货币或 DeFi 项目所依赖的智能合约相关的自然风险。所有软件都有缺陷，但在“代码即是最高正义”的 Web 3.0 空间中，这种风险被放大了。如果允许代码在上线后改动，则又会引发社区用户对于项目安全的信心。如何在项目的安全性和社区信心中间取得平衡也是一个难点。

Web 3.0 还是一个新兴事物，相信在不久的将来会迎来监管的注意。参与者们也需要有一定的自律意识，做有长期价值的事，才能让项目更有生命力。

第十章

Web 3.0 未来展望

Web 3.0 去向何方

Web 2.0 时代属于美国，更属于中国，一批优秀的中国互联网企业纷纷崛起，重新构建了全球互联网市场的格局。面对外资巨头的挤压，中国互联网企业在 Web 2.0 时代练就了超强的本土化定制能力。基于不同文化背景和社会结构，中国用户的需求与欧美国家有显著差别。任何产品的推广，如果忽视中国特色因素，注定会失败。

面对中国用户多样化的需求，中国互联网企业在 Web 2.0 时代淬炼出惊人的快速响应能力。每个垂直细分市场，竞争都异常激烈，应用驱动的创新推动了中国互联网企业在微创新方面的巨大进步。

经历 O2O 风口的洗礼，中国互联网企业在 Web 2.0 时代锤炼出几乎本能的线上线下结合能力。近十年来，中国互联网企业始终扮演着推动中国传统行业“跳跃式”发展的角色，借助 O2O 模式，以技术赋能产业，实现产业升级，因此主动参与线下运营已经写入了中国互联网企业所有项目的 SOP。

有别于欧美巨头的产品理念，中国互联网企业在 Web 2.0 时代凝析出超强的生态意识，线上线下结合，在垂直领域创造内容 + 社交的生态，成为中国互联网企业的本能，“生态”成为中国 Web 2.0 时代企业生存的不二法门。

归纳起来，本土化定制能力、快速响应能力、线上线下结合能力、构建生态的能力，是中国互联网企业的生存秘籍。这些能力有个共同的特征——稳扎稳打。

反观美国乃至整个西方文明的发展史，是被一个个泡沫和泡沫的破灭串联起来的。西部牛仔、硅谷创业史和现在的迈阿密 Web 3.0 社区本质上是一件事——在一个新概念发展的早期，一小部分人过于狂热，而在热情走入阶段性低谷后，这个新概念才迎来真正的发展。

西方文化善于在乱世中左右逢源，闯出一片新天地。东方文化却没有这种狂热的特性，他们擅长的不是热血冒险，而是传承和迭代。

所以中国互联网发展与其说是技术的滞后，不如说是对新事物的谨慎。这是几千年文化传统形成的。这并不是坏事，稳健和谨慎也是让中华文明能够传承几千年的关键因素，正所谓“盈亏同源”。

在 Web 2.0 时代，中国互联网的鼎盛期并不在一开始，而是在后面的应用成熟期。我们有理由相信，这个发展节奏在 Web 3.0 时代也会是相似的。

人们对于 Web 3.0 的发展另一个最关心的问题是监管。与欧美国家放飞自我的发展方式不同，中国的 Web 3.0 时代从区块链诞生之初就处于监管之中，自上而下的监管与自下而上的创新呈现并行态势。适度监管是行业发展进入正轨的必要条件，面对 Web 3.0 发展可能带来的潜在风险和挑战，适度的监管是很有必要的。同样，相对完善的监管体系形成也标志着行业的发展走上正轨，进入主流。

中国对区块链技术持鼓励的政策导向，认为该技术能推动未来的科技发展，但对于区块链的衍生应用比较谨慎。目前美国的监管处于比较迷茫的状态，2020 年美国国会对加密资产进行了划分并按照类别指定了不同的监管机构，其中以证监会 SEC 的监管最为严格。美国的监管不禁止加密资产的发行、交易，同时承认加密资产交易所的合法性。但是对加密资产的证券化（如 BTC 的 ETF）采取了相对严格的监管。未来美国针对 Web 3.0 的监管可能将会进一步细化，重点落实消费者和投资者的保护、金融稳定和非法融资等问题。

其他国家的监管大都集中反洗钱与反恐怖主义融资上。部分国家针对加密资产交易所推出牌照制度（如日本、新加坡、韩国等）。

在 Web 3.0 完全实现的未来，一个去中心化的互联网是否会去监管化呢？答案是否定的。互联网不是法外之地。Web 3.0 的目标是去中心化，从互联网寡头手中夺回数据所有权，但并不是去监管化。监管是授权于最广大民众的，监管的目标是保护民众。

那么监管应该怎样更好地介入 Web 3.0 呢?

BTC 本身无法受到监管，因为它的持有方式匿名且不需要基于任何服务提供商。但这并不意味着 Web 3.0 无法被监管。目前，世界各国仍在努力研究如何更好地针对 Web 3.0 的去中心化属性推行监管措施。以太坊联合创始人加文·伍德认为，当局很难亲自去监管 DApps，反而是 DApps 应该出于自身利益考虑，主动在合约中加入与监管一致的规则。监管机构应该着眼于监管接受服务的用户，而不是服务本身。

政府监管和主导从来都是一柄双刃剑，会对技术发展和应用创新造成一定阻碍，但从稳定社会经济、维护金融秩序角度看，合规是一个新兴市场的生存基础。

中国的 Web 3.0

Web 3.0 已经被赋予了太多神秘色彩，人们对它寄予了太多不切实际的希望。而只有当我们意识到，区块链发明者的“去中心化”理想主义，注定会被纷至沓来的投机者瓦解得支离破碎的时候，我们才可以平心静气地接受一个基于现实主义的 Web 3.0 的未来——在一个由核心节点掌握的“中心化”区块链网络上，用“去中心化”的分布式账本和加密散列，保障不同的经济主体之间的数字产权和商业价值不受侵犯，并形成它们互相的契约关系——这也理应是我国的政府、企业和社会组织在 Web 3.0 浪潮中扮演的角色。

有人说 Web 3.0 与中国无关，但如果能读懂 Web 2.0 时代的中国特色，你便会发现，中国可以为 Web 3.0 提供世界最稳定的经济基础，中国可以为 Web 3.0 提供成熟的硬件基础设施和软件应用市场，未来的中国 Web 3.0 极可能是全球最快发展、最佳的 Web 3.0 生态世界。

中国的参与，褪去了 Web 3.0 “去中心化” 的原教旨主义成分，赋予其更强烈的技术中立主义色彩，令其更有效地通过 “去中心化” 的技术手段，服务复杂的商业链条、社会系统和交易契约。

“中心化” 思想是中国文化传统的一部分，也是嵌套在社会结构和商业结构中的深层要素，但它并不妨碍 “去中心化” 的细胞生长在这个肌体的神经末梢上。即使是高度中心化的古代，规则制定者也明白一个道理：只有将土地分散给更多的人占有和耕种，培育各种可供交易的作物，而不是任由土地被少数人兼并，经济才能欣欣向荣，社会才能稳定。而区块链长达 14 年的技术实践也验证了一个接近真理的事实：计算节点的绝对 “去中心化” 是运行效率与可拓展性的天敌。更准确地说，去中心化、可拓展性和安全性之间形成了 “不可能三角”，兼顾两者必定牺牲另一个。

从长期时间线看，Web 3.0 的发展增量来自于将其应用在任何需要借助区块链网络产生价值和巩固契约关系的人类商业行为之上。Web 3.0 要想获得更广泛的应用也必须接受一个事实，即现实社会的经济、商业和治理脱胎于业已形成的法律、规则和文化习俗，受现实世界的“中心化”规则制约。

在一个由核心节点掌握的“中心化”区块链网络上，用“去中心化”的分布式账本和加密散列，保障不同的经济主体之间的数字产权和商业价值不受侵犯，并形成它们互相的契约关系，这理应是 Web 3.0 和区块链技术真正大规模应用于全世界、全人类现实社会经济商业运转的“最佳方案”。

腾讯、阿里巴巴（蚂蚁集团）、百度和京东等都构建了自己的联盟链，从内容版权、股权、保险、债券、供应链金融、税务、司法、商品防伪溯源、物流运输和生态保护等方面提供了“上链”服务。BSN 与长安链等国有企业、智库和政府机构成立的联盟链也陆续建立，除了用于商业和政务场景，还致力解决区块链底层公用基础设施和知识产权的自主可控问题。

即使没有 Web 3.0 出现，X-to-Earn 作为一种商业形态在中国也已有生长的土壤，它被称为共享经济。X-to-Earn 允许人们通过自己的技能，更直接地作用于经济生产，不需要依赖于组织机构即可获得收益，能够让广大劳动者更加自由，收益更多。

比如网约车就是一种 Drive-to-Earn。尽管优步已经帮助司机实现了这一点，然而它们本身是数据和运营高度中心化的机构，发挥撮合交易与维护司乘双方信任的作用，也提供了让不少消费者心生疑窦的算法。可以想象一下，如果网约车公司变成 DAO 是怎样的场景：任何一辆符合上路标准（司机和车牌资质符合监管要求）的车可以直接找到需要它的乘客，不再需要中介平台派单；因为区块链可以实现算法的透明化，优步的动态加价就没有了操作的空间。司机甚至可以在监管允许的范围内动态自主定价。司机和乘客都是 DAO 的成员，DAO 的金库只需要收取非常少的佣金比例。如果是一辆自动驾驶的电动汽车的话，它甚至可以自己出去赚钱，并通过智能合约自己实现电能的采购和出售。

在中国，Web 1.0 是一个相对乏善可陈的阶段。进入 Web 2.0 的历史周期，中国诞生了微信和抖音这种或深刻改变全球社交网络秩序，或有力影响全球社交网络产品形态的产品。更重要的一个趋势是：中国的互联网开始深度融入其自身甚至是全球实体经济与贸易的进程。它催生了全球最发达的主干物流网络、最便捷的城市生活应用、最灵活的消费信贷模型，接入了数量最多的物联网智能设备，以及相对发达的高度信息化的制造业。它为中国确实带来了更强大的数字经济。

Web 3.0 在中国的发展也将会是脱虚向实，以去中心化、多元化生产关系促进更平衡更充分的经济发展，致力于满足广大人民对更美好生活向往的社会实践。

附录 1 Web 3.0 大事件

2008 年 10 月 31 日 中本聪的比特币白皮书问世

中本聪（Satoshi Nakamoto）论文的问世标志着区块链和 Web 3.0 的诞生。中本聪只是一个网名，其真实身份至今一直不为人知。这份白皮书对于比特币的定义是一种电子现金系统。中本聪对这种电子现金系统是这样描述的：

纯点对点版本的电子现金系统将允许直接从一方在线付款到另一方，而不经过一个金融机构。数字签名提供了部分的解决方案，但如果仍然需要一个可信第三方来防止双花，就将丧失意义。我们基于点对点网络提出了双花问题的解决方案。点对点网络以添加时间戳的方式将交易的哈希值添加到一条不断增长的链中——该链采用基于哈希值的工作量证明方式进行增长，修改记录必须重新进行工作量证明。最长的链不仅作为观察到的事件序列的证明，也作为自身最大算力池的证明。只要点对点网络的大部分算力被合作节点掌握，它们就能够超过攻击者，生成最长的链。该网络本身需要最小的结构，其中的消息以尽力而为的方式广播，节点可以随意离开或重新加入网络，并接受最长的工作量证明链，以此确证它们不在网络期间发生的事。

数月后的 2009 年 1 月 3 日，中本聪在芬兰的一台小型服务器挖出了比特币的首个区块，并获得 50 个比特币奖励，标志着比特币的创世区块诞生。该区块中包含了当天《泰晤士报》的头条新闻标题，*The Times 03/Jan/2009 Chancellor on brink of second bailout for banks*（《2009 年 1 月 3 日，英国财政大臣在第二次拯救银行的边缘》）。

2013 年 11 月 以太坊白皮书降世

从比特币到以太坊的诞生间隔了 5 年，这 5 年比特币及其同类加密货币作为投机工具蓬勃发展。比特币的价格从 2010 年中的 10,000 枚比特币（不到 40 美元）换一个比萨，发展到了 2013 年末的一枚比特币 1000 美元。然而，此时的区块链仍无法搭载起一个完整生态，直到以太坊的出现。

2013 年底，在旧金山的一间屋子里，维塔利克·布特林发布了以太坊初版白皮书。他对于区块链的最大贡献在于，在加密货币之外实现了区块链更广泛的应用可能——智能合约与加密资产。

BTC 的底层协议是用一种复杂、单一的脚本语言编写而成的。在满足去中心化和安全的设计需求的前提下，牺牲了性能上的可扩展性，导致开发者很难依托 BTC 网络设计出更多的应用层项目。

而以太坊所要做的事情是提高其链上的可扩展性和易开发性，使用编程语言 Solidity 并结合区块链技术，让任何人都可以在上面编写智能合约，从而开发基于区块链的分布式应用，它为区块链网络搭建了一个底层应用平台。

以太坊简史

2014 年 1 月 25 日，在迈阿密举行的北美 BTC 会议上，维塔利克正式宣布了以太坊概念。同时，他宣布将与加文・伍德博士和杰弗里・维尔克（Jeffrey Wilcke）合作。

2014 年 6 月，维塔利克拿到了 Facebook 早期投资人彼得・蒂尔鼓励他创业的 10 万美元蒂尔奖学金后，开始全职开发以太坊项目。

在 2014 年，以太坊团队为了获取开发资金，通过由 BTC 换取 ETH 的方式公开募资，也就是后来风行一时风的 ICO（Initial Coin Offering）。同年 7 月，以太坊结束为期 42 天的 ETH 预售。一共筹集到 31,529.36369551 个 BTC，一共售出 60,102,216 个 ETH，当时价值 18,439,086 美元。销售所得首先用于偿还日益增加的法律债务，回报开发者们数月以来的努力，以及资助以太坊的持续开发。

2014 年 10 月 5 日，发布了 POC6。这是一个具有重要意义的版本，亮点之一是区块链速度。区块时间从 60 秒减少到 12 秒，并使用了新的基于 GHOST 的协议。

2015 年 1 月，团队发布了 POC7。

2015 年 2 月，团队发布了 POC8。

2015 年 3 月，团队发布了一系列关于发布创世纪区块的声明，同时 POC9 也在紧张开发中。

2015 年 5 月，团队发布了最后一个测试网络（POC9），代号为 Olympic。为了更好地对网络进行测试，在 Olympic 阶段，参与测试网络的成员会获得团队给予的 ETH 奖励。奖励形式有多种，主要包括测试挖矿奖励和提交 BUG 奖励。

第一阶段——前沿

2015 年 7 月 30 日，发布了正式的以太坊网络 Frontier（前沿）版本，这也标准着以太坊区块链正式运行。

2015 年 9 月 7 日，以太坊于区块高度 200,000 完成 Frontier Thawing 升级。此次升级引入了难度调整机制，即难度炸弹。同时，此次升级取消了每个区块 Gas 上限 5000 的限制，并将默认的 Gas 价格设置为 51 Gwei。此举为以太坊开启了交易功能——交易需要 21,000Gas。

2015 年 11 月 9 日至 13 日，以太坊在伦敦举行了为期 5 天的开发者大会（DEVCON 1），吸引了全世界 300 多名开发者参加。

第二阶段——家园

在 2016 年的 3 月 14 日（圆周率节），以太坊主网的第二个版本发布，也就是 Homestead（家园）。与 Frontier（前沿）阶段相比，Homestead 阶段没有明显的技术性里程碑，但以太坊网络运行逐渐趋于平稳，减少了不安全和不可靠的因素。其 100% 采用 PoW 挖矿，但是为了防止在未来矿工联合抵制以太坊从 PoW 到 PoS 转变升级，在挖矿的难度设计中故意引入了难度炸弹（Difficulty Bomb）。

Homestead 发布后不久，以太坊逐渐演变成了一个可以产生巨大经济影响的系统，这多少有些超出人们对其的想象，其中最典型的案例就是搭建在以太坊平台的应用——The DAO。

2016 年 4 月 30 日“The DAO”项目开启众筹，在短短 28 天时间内就筹集了价值超过 1.5 亿美元的 ETH，成为当时最大的众筹项目。然而，The DAO 在彰显以太坊经济威力的同时也给它带来了最为严峻的考验。

树大招风，在 The DAO 获得巨额投资的时候，黑客的眼睛也悄悄盯上了这块“肥肉”。6 月 18 日，黑客利用 The DAO 代码中的漏洞，成功盗取了 360 万枚 ETH，这在当时价值超过 5000 万美元。

在维塔利克的带领下，经过以太坊社区的激烈讨论后，社区决心通过硬分叉来阻止黑客将 ETH 提走。

2016 年 7 月 20 日，硬分叉方案公布，超过 85% 的算力支持硬分叉，以太坊在原链的基础上分叉出了一条新的链。但让人意想不到的是，新链的诞生并没有宣告原链的消亡，社区里的一些人依旧继续挖原链，这直接导致了 Ethereum Classic（ETC）的诞生，从此以后，ETH 和 ETC 两条链并行发展。

第三阶段——大都会

2017 年 3 月 1 日，企业以太坊联盟（Enterprise Ethereum

Alliance，EEA）宣布成立，其称旨在创建一个企业级区块链解决方案，共同开发产业标准。

2017 年 5 月 19 日 以太坊价格首次突破 100 美元大关。

2017 年 7 月 19 日，美国东部时间 12:30 左右，有黑客针对 Parity 钱包 1.5 或更高版本中存在的漏洞进行越权函数调用，发起攻击并从三个多重签名合约里一共窃取超过 15 万枚 ETH，按当时市值计算造成约 3000 万美元的损失。

2017 年 10 月 16 日，以太坊于区块高度 4,370,000 进行“拜占庭升级”，宣告以太坊正式进入开发第三阶段。此次升级主要更新包括：1. 将区块奖励从 5 ETH 减少到 3 ETH；2. 将难度炸弹升级推迟一年；3. 增加调用其他合约的能力；4. 增加一些密码学方法允许 2 层扩展。

2018 年，ETH 面临着“君士坦丁堡升级”。但升级一再延迟，且受到熊市的影响，以太币的价格暴跌。

2019 年 2 月 28 日，以太坊于区块高度 7,280,000 进行了第八次升级——“君士坦丁堡升级”。此次升级再次将难度炸弹推迟一年，并将区块奖励从 3 ETH 降低至 2 ETH。其他更新还包括优化 EVM 数据存储操作的 Gas 耗用量计量方式。

2019 年 12 月 8 日，以太坊于区块高度 9,069,000 进行了“伊斯坦布尔升级”。升级主要内容包括继续优化 EVM 数据存储操作的 Gas 耗用量计量方式、优化基于 SNARK 和 STARK 的第二层方案性能等。

2020 年 6 月 2 日，以太坊于区块高度 9,200,000 进行了“谬尔冰川升级”。此次升级主要更新还是推迟难度炸弹。

第四阶段——宁静

2020 年 10 月 14 日，以太坊于区块高度 11,052,984 正式将质押存款合约引入以太坊生态系统，为 Eth2 升级奠定重要基础。

2020 年 11 月 4 日，以太坊基金会在官方博客表示，已经发布以太坊 2.0 规范 v1.0，其中包括以太坊 2.0 主网存款合约地址 0x00000000219ab540356cbb839cbe05303d7705fa。以太坊 2.0 阶段 0 将在 Unix 时间戳 1,606,824,000 创世，UTC 时间为 2020 年 12 月 1 日。

宁静阶段的目标是使从采用 PoW 机制的 1.0 升级为采用 PoS 机制且功能非常完备的 2.0。这个工程分为信标链、分片链、eWASM 和持续改进四个阶段，预计最终将于 2022 年 12 月进入以太坊 2.0 时代。

2014 年 2 月 28 日“门头沟”事件

何为“门头沟”?

2010 年，一家位于日本东京的 BTC 交易所 MT.Gox 猛然崛起，这是由程序员 Jed McCaleb 创办的 BTC 交易平台，全称“Magic: The Gathering Online exchange”，“门头沟”正是 MT.Gox 的中译名。

由于较早的开展 BTC 交易业务，这家交易所很快就风生水起，疯狂地拿下了全球 80% 的 BTC 交易量，一度成为世界上最大的 BTC 交易所。然而“门头沟”看似无限美好的风光在 2014 年 2 月这场黑天鹅事件中，瞬间破灭。

“门头沟事件”始末

2014 年 2 月，MT.Gox 网站突然停止了交易活动，随后便申请破产。一时间这个消息在全球炸开了锅，MT.Gox 宣称的破产原因更是让投资者绝望了：大约 75 万个属于客户的 BTC 和 10 万个平台自己的 BTC 丢失!

这场灾难并不是突如其来的，早在 2013 年 6 月开始，MT.Gox 就暂停了客户提取美元，之后便时常有用户反馈，出现提现被拖延的情况，有的甚至拖延好几个月，用户对 MT.Gox 的评价一度变差，信任度骤降。

2014 年 2 月 7 日，MT.Gox 暂停了所有 BTC 提现业务，当时已经是人心惶惶，但大家敢想不敢言。

2014 年 2 月 10 日，MT.Gox 便宣称由于 BTC 的原因导致无法提现，并且表示 MT.Gox 和 BTC 核心开发团队正在协作解决问题。显然这个公告并不能给用户吃下“定心丸”，可大家还是别无他法，只能祈求一切处理顺利。

2014 年 2 月 17 日，MT.Gox 发表声明依旧称他们需要解决安全性的问题，面对记者采访询问财务状况时，他们也没有明确回应，此时 MT.Gox 的用户已经焦躁不安，部分人等待资金的时间已经超过 3 个月，在问到用户何时能提现成功时，他们也无法给出确切日期。

而 BTC 也因为 MT.Gox 事件引起的恐慌，价格下跌了 20%。

2014 年 2 月 23 日，MT.Gox 在推特上的帖子被清空。

2014 年 2 月 24 日，MT.Gox 就暂停了所有交易，几个小时之后用户再次登录网页，已经变成了一片空白。

2014 年 2 月 28 日，MT.Gox 正式向东京申请了破产。MT.Gox 称共计 85 万枚 BTC 被盗，是迄今为止金额最大的 BTC 失窃案。

85 万枚 BTC“人间蒸发”，究竟何去何从？

2014 年网传文件称 MT.Gox BTC 丢失的是因为遭受黑客攻击，实际上大多受害者并不为这个理由买单，部分用户坚称是 MT.Gox 交易所内部人员故意做空 BTC，这是一场骗局。

当时只有外界的各种猜测，并没有实质上的证据。一直到 2015 年东京警方介入调查此事，调查结果显示最多只有 1% 的 BTC 被黑客盗取，剩下大部分是因为“未经授权操作”的系统造成。

这个消息直接把矛头指向了 MT.Gox 交易所的负责人马克·卡佩莱斯（Mark Karpeles）。马克在 2011 年收购了 MT.Gox，而他正是该系统的操纵者。马克毫无疑问地被广大受害者送入了监狱，指控罪名是私吞款项和伪造资料。

2016 年 7 月，由于警方追踪不到任何实质性的证据来定马克的罪，也无法证明马克盗取了其余的 BTC，BTC 依然下落不明，最终马克被保释出狱。

2017 年，马克再次被送上了审判台，他被指控侵吞公款，操纵假数据，挪用客户加密资产。

案件受理直到2019年3月，马克贪污罪名指控被撤销，但是篡改财务记录的罪名成立，他正式被判刑2年零6月，缓刑4年。

马克落网并不意味着事情告一段落，受害者们最想要的还是一个合理的赔偿方案。马克在2016年曾表示会以当年的BTC价格来赔偿受害者，可2014到2016年，两年时间BTC的价格相差甚大，人们根本无法接受这个结果。

后来受害者们多次维权申请赔偿方案，都没有得到切实落地执行，这几十万枚BTC的清算时间跨度越拉越长。

“门头沟”事件带来的影响

交易平台频繁被黑，交易所的安全性遭受质疑。在“门头沟”事件之后，世界各地交易所频繁曝出被盗的消息，例如2014年美国加密资产交易所Poloniex被盗，就连当时世界第三大交易所Bitstamp也曾被黑，韩国的交易所Bithumb 2次遭受黑客攻击。这让人们对交易所的安全性逐渐失去了信心。信任危机，某种程度上也阻碍了Web 3.0发展进程。

谁能想到区块链宣传的去中心化技术，最终毁在中心化的交易所手中，而区块链对这一大笔BTC交易去向根本无法追溯。“门头沟”事件始终是人们心里过不去的坎。

“门头沟”事件对普通人的警示

BTC诞生至今13年，安全危机问题是整个Web 3.0行业都摆脱不了的，通证被盗想追回也绝非易事，在这个法律鞭长莫及的地带，受害者维权困难问题必然长期存在。

所以，普通人要有基本的安全防范意识这不必多言，更重要的是要有承担风险的心理建设。黑客在进化，Web 3.0 的安全事故，也将一直上演。

2017 年 9 月 4 日 中国团灭 ICO

2017 年 9 月 4 日，中国人民银行等七部委发布《关于防范代币发行融资风险的公告》(简称“公告”) 叫停 ICO (关于 ICO 的解释详见第二章)，正式定性 ICO 本质上是未经批准的非法公开融资行为，要求各类代币发行融资活动应当立即停止，并且责令返还已经筹集的资金。

公告一出，各大加密资产全线下跌。BTC 最大跌幅接近 20%，ETH 暴跌 30%。

本次裁决称“ICO 严重扰乱了经济和金融秩序”，并将此类活动等同于庞氏骗局、犯罪活动和金融欺诈。这对过去数月疯狂上涨的 ICO 中国市场，无疑是一记重拳。

暴富梦碎，在这场 ICO 热潮中，中国是世界上最活跃的土地之一。此前 ICO 圈子里最担心的就是监管，关于监管的说法也不绝于耳。

部分主流 ICO 平台如 ICO.INFO，ICOAGE 已经预先停止了 ICO 项目的上线甚至出现项目清零，主流财经媒体也一再进行 ICO 的负面报道。截至当天下午，“监管将至”基本已经达成共识。

2017 年是 ICO 成为主流的一年。这种筹款方式最早由以太坊于 2014 年首创，在 2017 年被广泛采用，甚至远远超过了风险投资作为区块链初创公司筹集资金的手段。

据统计，仅在 2018 年前的三个月，全球 ICO 就筹集了 63 亿美元，而 2017 年全年全球通过 ICO 筹集的资金仅为 49 亿美元。

你只需要有一个钱包地址和一纸白皮书，甚至不需要一个完善的团队抑或是逻辑自洽的商业计划，就可以迅速筹集巨额资金。

对比传统的公开融资手段 IPO，ICO 允许加密领域的公司筹集资金无须经历传统 IPO 的艰巨流程和监管的密集审查，而作为入股证明的通证通常遵循 ERC-20 标准并在以太坊生态系统中发挥作用。

总体而言，ICO 在一定程度上加速了以太坊的采用，并巩固其在加密生态系统中作为关键价值参与者的地位，而 ERC-20 协议也在业内得到了广泛的认可。在区块链的历史上，ICO 提供了另一种通过去中心化技术实现的范式转移和颠覆性创新的实例。

然而，ICO 的疯狂生长同时吸引来了贪婪和欲望。据不完全统计，2017 年至 2018 年间，数千个项目进行了 ICO。其中很大一部分 ICO 不符合现有的证券注册要求，部分项目或卷款逃跑，或在开发阶段流产，甚至是彻头彻尾的骗局。

2018 年 加密资产大熊市

BTC 的诞生背负着对平等和自由的理想和信仰，而它幼年时的疯狂生长，却吸引来了贪婪和欲望。

回顾 2014 年，BTC 价格突破 1000 美元，交易量也较上一年增长了 50%，就在这时，一场寒冬悄然降临。2014 年 4 月，BTC 价格跌至 400 美元，加密资产行业进入寒冬期，大部分矿机宣布关停，举国上下所有矿场哀鸿遍野，大部分矿场不得不甩卖、关门、停产。

如果说 2013 年 BTC 价格的第一次爆发让大众开始了解 BTC，那么 2017 年 BTC 背后的技术爆发，则带来了加密资产价格的全面增长，让加密资产成了一种新的金融现象。

据统计，2017 年 12 月 17 日，BTC 的当日最高价格突破 20,000 美元，达到历史最高值。其他主流加密资产的价格也在 2017 年疯狂增长。ETH 涨幅高达 10,000%，LTC 达到 5800%。2018 年 1 月初，加密资产总市值达到 8130 亿美元。

2017 年是加密资产市场的牛市，在这一年，随着 ICO 的野蛮式发展，BTC 的价格从年初的 1000 美元涨到了最高峰 19,875 美元，随后便开始了一路下跌的行情，但疯狂的投机者仍不认为牛市已过，还在不断“抄底”。

2017 年 9 月 4 日，中国人民银行等七部委联合发布《关于防范代币发行融资风险的公告》，将 ICO 定性为未经批准非法公开融资的行为，要求清理整顿 ICO 平台并组织清退 ICO 代币。

随后，BTC 从 19,000 美元、15,000 美元一路跌至 3000 美元。直到 2018 年入秋，人们才开始普遍认同熊市寒冬来临。交易所已经几乎没了交易量，大部分的资金都集中了在几个主流通证上，整个行业已经开始了维权、裁员和倒闭潮。

ICO 也慢慢淡出了视野，不再被人追随，至于矿场更是萧条。而在数年后反观 2018 年，我们可以发现，这也正是 DApps 蓬勃发展的一年。由于加密货币价格下跌，使得开发者们在开发时对相关公链的使用成本降低，促进了更多 DApps 走向市场。在熊市中仍能坚持的团队也更显其弥足珍贵。

2020 年 DeFi Summer

DeFi Summer 指的是从 2021 年 6 月开始，以 Compound 平台为代表的一系列 DeFi 项目的大爆发。DeFi Summer 的引爆点归功于流动性质押（关于流动性质押的介绍详见第六章）。

Compound 平台于 2020 年 6 月大规模推出流动性质押，其原理在于用户为平台提供流动性，平台给用户发放平台原生通证作为奖励。在任何一个交易市场中，必然存在交易时间和交易价格不匹配的情况。而做市商的存在，就是为了解决交易时间不匹配的问题。做市商永远在市场上挂单交易，使得来到市场的人在任何时候都可以成交。在大规模流动性质押推广之前，交易所需要使用自有资金作为做市商，有些规模较大的专业做市对冲基金也会在各个市场当做市商。

要成为一个做市商，有两个关键要素：资金和做市策略。流动性质押的大规模推广，使得广大的拥有资金的用户也可以成为做市商。因此，解决了资金瓶颈的去中心化交易所借助用户质押的资金和交易所自身的做市策略得以迅猛发展。而用户也通过获得交易所发放的原生通证与交易所利益绑定，获益丰厚。这样的正反馈推动了 DeFi Summer 的形成，在交易所推广流动性质押之后，还有借贷协议、保险、资管等诸多 DeFi 项目借用同样的思路发展起来。

在 DeFi 兴起的这一年里，作为市场指示标的比特币价格从 2020 年 6 月的 10,000 美元在 2021 年 5 月达到了 50,000 美元。总锁仓量（Total Value Locked，TVL）提升了 140 倍，从 2020 年 6 月的 9.4 亿美元达到 2021 年 5 月的 1314 亿美元。总锁仓量是所有为获取收益而锁定或质押在 DeFi 项目中加密资产价值总和。

DeFi Summer 是 Web 3.0 发展史上的里程碑事件。DeFi Summer 之后，人们更多地习惯把资产锁在链上，而不是像以前一样，非常急切地想要换回法币。DeFi Summer 让加密圈的内循环经济变得更加健康。

可以说，加密资产市场能够从 2018—2019 的熊市抽身出来，有很大一部分原因都与 DeFi Summer 的兴起有关：一方面是能吸引用户 DeFi 项目的爆发带来了新的资金，另一方面是 DeFi 项目本身的发展推高了市场的周转效率和杠杆率。正所谓成也萧何败也萧何，DeFi 推动了 2020—2022 年的加密资产市场牛市，又在 2022 年初助推了加密资产市场的崩溃。Web 3.0 就像是一个加速的小型经济生态，将人性和周期发挥到了极致。

2021 年 4 月　疯狂的马斯克

提到特斯拉的 CEO 马斯克就不得不提到 DOGE。首先，从

实用价值来说，DOGE 几乎约等于没有价值，

DOGE 与 BTC 在底层技术上并无二致，但 DOGE 的开发者修改了生产的规则。BTC 设定了 2100 万枚的上限，并且逐步加大生成难度，目前供应也较为稳定，甚至一些投资机构将其作为分散风险的选择。然而，DOGE 的规则是，第一年就达到 1000 亿枚，并且之后每年发行 50 亿枚，没有上限。这意味着项目方手中有无限子弹，项目方想发多少就能够发多少。所以在一定程度上说 DOGE 是空气，一点也不过分。

现在有很多人接触到 Web 3.0 圈子就是从 DOGE 开始的。而很多人接触到 DOGE 是从马斯克将其带出圈开始的。

他从 2020 年年底开始“疯狂带货”DOGE，使其价格最高暴涨 130 倍。而正当投资者争相进坑时，马斯克开始了他用推特操控市场的表演。

2021 年 5 月 9 日晚，马斯克在美国著名综艺《周末夜现场》里不明所以地抛出一句“DOGE 骗局”，让 DOGE 暴跌近 40%。

5 月 12 日，马斯克宣布，特斯拉已经停止用 BTC 购车，因为担心 BTC 挖矿和交易导致化石燃料，尤其是煤炭的耗用飞速增长，BTC 当日一度跳水超 17%，马斯克的“新宠”SHIB24 小时跌幅一度超过 40%。

5 月 16 日，一位用户在社交媒体上猜测称，“当 BTC 投资者察觉特斯拉在下一季度抛售其持仓的 BTC 后，前者会极为懊悔不堪的。”马斯克随后转发并回复“确实”，市场再次炸开了锅，BTC 下滑至当年 2 月以来最低水平。

5 月 17 日，马斯克又澄清称，特斯拉没有出售任何 BTC，后者再度反弹。

5 月 19 日，行业大震荡之际，马斯克在个人推特上发布了特斯拉有“钻石手”（Diamond Hand）的消息。按通常的意思，有“钻石手”的意思是不畏市场波动，持有仓位直到目标。市场观点将其解读为特斯拉不会抛售手中已有的 BTC，这也让 BTC 24 小时跌幅从之前的超过 30% 收窄到大约 14%。

马斯克的态度如此反复和模糊不清，“操控”能力如此之强，让人们意识到市场情绪的脆弱。以至于后来有些交易员用程序监控他的推特账号，并依据他的发帖进行交易。

值得一提的是，虽然 BTC 出现暴跌，但特斯拉手中 BTC 的买入成本或仍低于市价。根据财报计算，特斯拉截至 2021 年 3 月 31 日持有 BTC 的公允市场价值为 24.8 亿美元，这意味着如果该公司将 BTC 全部变现，有望获利约 10 亿美元。再考虑到 3 月 31 日的 BTC 价格约 59,000 美元，上述数据意味着特斯拉的 BTC 平均持仓单价不到 25,000 美元。

在号称去中心化的 Web 3.0 里，是不应该有这种一呼百应的“神”的存在的。经过此次事件，我们应该有更多的思考，不要跟着人群走。顺势而为是好的做法，但人们也应该有自己的思考。

2021 年 NFT 元年

在 2017 年 11 月的 CryptoKitties 热潮后，加密艺术作为一个整体并没有立即得到广泛的关注。

2021 年年初，当人们还沉浸在 DeFi 的热潮之中时，数字收藏卡 NBA Top Shot 销售额陡增，于 2 月突破 2 亿美元，加密货币市场迅速将目光转向 NFT 领域。3 月，数字艺术家 Beeple 作品拍出 6900 万美元高价，间接带动更多艺术家了解、涉足 NFT 市场。Beeple 的创纪录拍卖后，各界明星、艺术家纷纷通过各种 NFT 平台发布了 NFT，再一次将 NFT 推向大众视野。

2021 年 7 月，NFT 项目 CryptoPunks 的 #2140 和 #5217 分别卖出 1600 ETH（当时约值 376 万美元）和 2250 ETH（当时约值 545 万美元）的天价。随后，诞生不足 4 个月的 Bored Ape Yacht Club，也在这场 NFT 热潮中爆发。

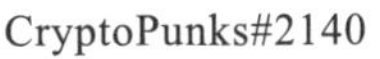

CryptoPunks#2140　　CryptoPunks#5217

GameFi 的发展也在这一年推动了 NFT 的发展。Axie Infinity 以 NFT 形式售卖游戏中的道具，并在 8 月时达到巅峰，月收入 3.6 亿美元超过王者荣耀。Roblox、Decentraland 和 Sandbox 等元宇宙游戏的关注度提升，使得游戏中以 NFT 形式存在的地块也跳出了加密圈，被更广泛的游戏从业者和元宇宙推崇者所接受。

Web 3.0 真正为大众所知也正是这个时候。NFT 让人们看到了通往元宇宙的一条实现路径。一个中心化的平台并不能让大家感受到元宇宙所带来的精彩，如果官方可以随时注销或者封禁玩家，甚至能够破坏服务器让一个虚拟世界立马消失，那么它可能并不是一个真正的元宇宙。元宇宙应该由许多不同的参与者以去中心化的方式运营，而不归属于某个公司。NFT 的去中心化属性，既可以赋予 NFT 价值，又可以让 NFT 的持有者拥有该 NFT 的自主处置权，这些特性天然与元宇宙相契合。

2022 年 算稳币的崩盘

算稳币，全称算法稳定币，是一种特殊的加密货币。其原理是用两种可兑换的加密货币相互关联，利用其中一种 A 的供需及价格变化波动缓冲并保护另一种 B 的价格波动，使得 B 的价格恒定等于某种法币。算稳币的价值有巨大的风险，它将决定自身价值的锚挂在共识上，企图以此获得与法定货币的同等地位。一个基于共识的事物（加密货币）要锚定到一个基于国家信用的事物（法币），用共识做缓冲是没用的，“魔法防御”挡不住“物理攻击”，算稳币的理念如同刻舟求剑。

2022 年 5 月上旬，规模最大的算稳币系统 LUNA-UST 崩塌。从 5 月 9 日 UST 与美元价格脱锚下跌开始，这一对难兄难弟开启了死亡螺旋。由于 UST 价格下跌，导致人们启动兑换机制，将 UST 兑换成等值 LUNA，创造出了大量 LUNA 供应，压低了

LUNA 价格。当时恰逢美股和比特币均处于连续跌势，市场情绪极易发酵，UST 价格久久未能恢复引发了人们的恐慌，人们开始质疑 LUNA-UST 的价值，进而开始抛售 LUNA，同时也进一步加剧了 UST 的脱锚。在 5 天内，UST 从锚定的 1 美元价格跌到 0.1 美元，之后进一步跌到 1 美分。而 LUNA 更是在 3 天内从 80 美元跌到 5 美分。市值 400 亿美元的 LUNA-UST 体系瞬间归零。

然而，算稳币的崩塌影响还远不止如此。由于 DeFi 的杠杆特性，许多与算稳币有关的借贷协议自动清算，抛售手中的 BTC、ETH 头寸，从而带动了加密货币大盘下跌。大盘的下跌进一步加剧了市场的恐慌，人们急切地想要将存在 DeFi 银行里的资产取出，造成了 DeFi 银行的挤兑破产。这一系列事件让人们认识到，基于信心而建立的金融体系，在中心化权威缺位的情况下，也会因为信心的崩塌而瞬间散架。在硝烟散去之后，人们或许会对市场存一分敬畏。

附录 2 Web 3.0 社区常用缩写

缩写	解释
RSS3	一种去中心化的内容与社交信息分发开放协议，对应Web 2.0 时代的 RSS 协议。通过提供内容、分发渠道与经济环境，旨在成为未来社交、内容、游戏和电子商务应用的支柱
Airdrop	空投，一种 Web 3.0 项目方的营销手段，通过将通证直接发送到用户的钱包中以提高项目的知名度
Mint	铸造 NFT 并将其发布在区块链上的过程
MM	MetaMask 小狐狸钱包，一种以太坊生态系统中流行的通证钱包
WL-White List	指能提前以折扣价购买 NFT 的机会，一般被 NFT 项目方用于激励社群
Roadmap	NFT 项目将要推行的一系列活动概要
Snapshot	钱包的快照，用于确认某活动的入场资格
HODL	即 hold，发源于 2013 年的一个圈内论坛的帖子
BUIDL	即 build，模仿 HODL 形成
PFP	Profile Picture，即头像类 NFT
Rug/Rug Pull	指 NFT 项目方在社群尚未成熟时跑路不再运营
10k Project	指 10,000 个 NFT 所构成的 NFT 集合，最典型的例子是 2017 年的 CryptoPunks
AMA	Ask Me Anything 指 NFT 或 DAO 项目方面在社区定期举行的会议
Moon	即 Going to the moon，代表着 NFT 项目价格的飞涨

（续）

缩写	解释
GOAT	Greatest of All Time 用来表达对早期持有者的尊重及敬意，通常用山羊图案来表示
FOMO	Fear of Missing Out 大家害怕被落下的心理，一般这个时候都伴随着追涨的行为
Floor Price	地板价，指目前套系最低标价
Floor Sweeping	扫地板，指将地板价的 NFT 全部收掉来提高地板价
DYOR	Do Your Own Research 自己做研究
FUD	Fear，Uncertainty and Doubt 指害怕，不确定的心理，与 FOMO 相对，通常伴随着杀跌的行为
Diamond Hands	钻石手，指不论市场如何波动都不为所动
Paper Hands	与钻石手相对，指恐慌的售卖人群
Whale	巨鲸，即大户
ATH	All Time High 指有史以来最高的价值
LFG	冲上天，即“起飞”
McDonald’s	麦当劳，指投资失败后圈内人可以找到工作的地方
WAGMI	We All Gonna Make It 意为“我们都能渡过难关”
NGMI	Not Gonna Make It 不会成功
GM/GN	Good Morning/Good Night 社区常用的打招呼的缩写词
OG	Original Gangster 指行业先驱或德高望重的大人物
Ser	即 Sir，是一种反讽方式，表示不该太过认真地对待发布或分享消息的作者
Fren	即 Friend
FWB	Friends with Benefits，意为“在 Web 3.0 领域利益互助，共享知识”
Meme	人们之间传播的思想、行为或风格，即：亚文化。用于描述某个系列 NFT 所代表和传播的亚文化
TVL	Total Value Locked（总锁定价值），泛指一个项目中用户所质押的通证总价值。从某种意义上来说，总锁定价值（TVL）就是流动性资金池中的流动性总量。这项指标可以有效衡量 DeFi 和流动性挖矿市场的整体健康状况

参考文献

[1] WOOD G. DApps: What Web 3.0 Looks Like [EB/OL]. 2014-04-17 [2022-05-29]. https://gavwood.com/dappsweb3.html.

[2] SUNSTEIN C R. Infotopia: how many minds produce knowledge [M]. Oxford University Press, 2006.

[3] 三橙传媒. Next: The Biggest Evolution of the Post-Internet Era [Z/OL]. 2018.

[4] LD Capital. Understanding Cross-Chain Bridges Under a Multi-Chain Background [EB/OL]. 2022-04-04 [2022-06-13]. https://hackernoon.com/understanding-cross-chain-bridges-under-a-multi-chain-background.

[5] 品玩. 为什么 Web 3.0 革命必将发生在中国? [EB/OL]. 2022-06-10 [2022-06-30]. https://mp.weixin.qq.com/s/AWauTe0XgWrQLaTOrmAKBg.

[6] VR 陀螺. Web 3.0，元宇宙时代的第一阶梯 [EB/OL]. 2021-12-21 [2022-05-25]. https://www.tuoluo.cn/article/detail-10092977.html.

[7] DELAROCHA A. Web 3++：Metaverse [EB/OL]. 2021-12-13 [2022-06-13]. https://adlrocha.medium.com/web3-the-metaverse-8c1f9f0efb40.

[8] JOHNSON D. The General Theory of Decentralized [R/OL]. 2013.

http://cryptochainuni.com/wp-content/uploads/The-General-Theory-of-Decentralized-Applications-DApps.pdf.

[9] ARAGON. What is a DAO? [EB/OL]. 2021−09−27 [2022−06−05]. https://blog.aragon.org/what-is-a-dao.

[10] NABBEN K. Experiments in algorithmic governance continue [EB/OL] . 2021−07−29 [2022−07−06] . https://kelsienabben.substack.com/p/experiments-in-algorithmic-governance.

[11] Paka Labs. 深度解析：DAO 的 7 种常见投票机制 [EB/OL] . 2022−01−13 [2022−06−07] . https://www.panewslab.com/zh/articledetails/1642043584042534.html.

[12] alittle.bit. NFT 的 CC0 迷雾 [EB/OL]. 2022−03−14 [2022−06−13]. https://mirror.xyz/0x8a52E278733780366A8F74a8e82A29e8A7D36d2b/eL5cT653GQQbd-ovO1Yo1zf9j7BZN7oJL5Ohfndwh8o.

[13] Allen. 开辟 NFT 发售“新玩法”，Azuki 为何能走红？[EB/OL] . 2022−01−17 [2022−06−26] . https://www.panewslab.com/zh/articledetails/1642399222755948.html.

[14] NFT Labs. 深度解析 BAYC：超越数字收藏品本身价值的逻辑体系 [EB/OL] . 2021−07−13 [2022−07−05] . https://view.inews.qq.com/a/20210713A087YE00.

[15] tannhauser2049.eth. Web 3.0 漫游指南 2022（完整篇）[EB/OL] . 2022-03-21 [2022−06−25] . https://mirror.xyz/tannhauser2049.eth/vPrV-lqGjFpT2VWT4kDvtjhZayxm6n8ym7ra4wiegSc.

[16] 巴比特 . 什么是创作者经济？NFT 能给创作者经济带来什么？[EB/OL] . 2022−01−20 [2022−06−17] . https://www.tuoluo.cn/article/detail-10093972.html.

[17] 陈永伟 . Web 3.0 会给创作者经济带来什么 [EB/OL] . 2022-04-19 [2022-06-19] . http://m.eeo.com.cn/2022/0419/530999.shtml.

[18] ZenLedger. What Are Social & Community Tokens? Your All-in-one Guide [EB/OL] . 2022-03-30 [2022-07-03] . https://www.zenledger.io/blog/what-are-social-community-tokens.

[19] Messari Research. Explain It Like I'm 5: GameFi [EB/OL] . 2021-11-26 [2022-05-24] . https://messari.io/report/explain-it-like-i-m-5-gamefi.

[20] WEYL E G, OHLHAVER P, BUTERIN V. Decentralized Society: Finding Web3's Soul [R/OL] . 2022-05-11. https://papers.ssrn.com/sol3/papers.cfm?abstract_id=4105763.

[21] STEPHANIAN L, TURLEY C. Optimizing Your Token Distribution [EB/OL]. 2022-01-05 [2022-05-15] . https://lstephanian.mirror.xyz/kB9Jz_5joqbY0ePO8rU1NNDKhiqvzU6OWyYsbSA-Kcc.

[22] FutureMoney. X2earn 的模板 | 频次、本金和劳动 [EB/OL] . 2022-05-06 [2022-06-10] . https://mp.weixin.qq.com/s/6hFIpxnkyoh-TGY3V4PGUA.

[23] 龙犄角 . 社交图谱协议 CyberConnect，拆除了平台、个人和社区的柏林墙 [EB/OL] . 2022-05-21 [2022-06-20] . https://mirror.xyz/seedao.eth/rzaAXEfvye_MBOVZEiVb2YFYXPS8D8KrH7HBSyFX7Ec.

[24] DODO 研究院 . NFT 全景解析：历史、当下和未来 [EB/OL] . 2021-08-23 [2022-06-25] . https://mp.weixin.qq.com/s/0TSrffQiP0LcCUxcmioqnQ.